卷烟制造过程
工艺质量管理实务

制丝篇

广西中烟工业有限责任公司
广西 烟 草 学 会　　编著

广西科学技术出版社

图书在版编目（CIP）数据

卷烟制造过程工艺质量管理实务·制丝篇 / 广西中烟工业有限责任公司，广西烟草学会编著.—南宁：广西科学技术出版社，2022.9

ISBN 978-7-5551-1827-5

Ⅰ.①卷… Ⅱ.①广…②广… Ⅲ.①烟叶加工—质量管理 Ⅳ.①TS452

中国版本图书馆CIP数据核字（2022）第154620号

卷烟制造过程工艺质量管理实务　制丝篇

广西中烟工业有限责任公司　广西烟草学会　编著

策　　划：李　姝　袁　虹		责任校对：吴书丽
责任编辑：袁　虹		责任印制：韦文印
装帧设计：韦娇林		

出　版　人：卢培钊　　　　　　　　　　出版发行：广西科学技术出版社

社　　　址：广西南宁市东葛路 66 号　　邮政编码：530023

网　　　址：http://www.gxkjs.com

经　　　销：全国各地新华书店

印　　　刷：广西雅图盛印务有限公司

地　　　址：南宁市高新区创新西路科铭电力产业园　　邮政编码：530007

开　　　本：787mm×1092mm　1/16

字　　　数：186 千字　　　　　　　　印　　张：11.5

版　　　次：2022 年 9 月第 1 版　　　印　　次：2022 年 9 月第 1 次印刷

书　　　号：ISBN 978-7-5551-1827-5

定　　　价：45.00 元

版权所有　侵权必究

质量服务承诺：如发现缺页、错页、倒装等印装质量问题，可直接向本社调换。

联系电话：0771-5851474

《卷烟制造过程工艺质量管理实务 制丝篇》编委会

主　编：韦小玲　范自众　崔　升

副主编：范燕玲　夏永明　康金岭

编　委：刘　瑱　刘会杰　黄晓飞

　　　　张莉强　刘远涛

前言

　　中式卷烟的加工制造属于农产品的深加工。烟叶作为农产品原料，存在着明显的差异，这种差异是由不同生产产地、不同气候条件、不同生长部位等因素造成的，而卷烟产品以烟丝含量约为 1 g 的单支卷烟为消费单位，加工过程不能以过度破坏原料外形的方式达到均匀混合的目的。因此，卷烟加工制造与其他农产品加工相比，更加注重保持烟草特有的香气特征，更加注重成品质量的均匀性和一致性。中式卷烟的加工制造过程是基于以上特点设计的。

　　中式卷烟的加工制造过程，总体来说大同小异。所谓"同"，是指工艺流程基本相同，都是先将原料（烟叶、烟梗）经过叶片处理、叶丝加工、烟梗加工、掺配加香等主要工序制成烟丝，然后进行卷制包装，最后制成卷烟产品。所谓"异"，是指不同制造企业、不同品牌规格的产品，根据其区别于其他卷烟品牌规格的特点，在具体加工工艺环节、工艺顺序选择、工艺过程控制参数的确定等方面，有各自的侧重点和要求范围。

　　由于卷烟工厂所在地区、建设时间、工艺设计和流程选定等不同，即使实现同一加工工序任务，所用的设备也存在着明显的差异，因此卷烟工厂的员工必须在掌握卷烟制造通用知识的同时，还应全面、系统地了解本工厂的制造工艺流程、生产设备的特性、各工序的工艺质量要求和控制方法等。

　　由于烟草行业具有特殊性，对于卷烟制造企业的新员工来说，在进入烟草行业之前，学习和了解烟草行业专业技术的途径非常有限，进入烟草行业之后，需要快速学习和掌握烟草行业专业技术知识。作为卷烟制造企业，须为新员工提供相关的学习资料。目前，烟草行业只有《卷烟工艺规范》为中式卷烟的加工制造提供总体要求，明确每个加工工序应达到的工艺任务和目标要求，但在使用哪一种加工设备、通过何种技术路线来实现工艺控制目标、加工过程中如何实施控制等方面，《卷烟工艺规范》未能详细描述。新员工即使学习了《卷烟工艺规范》，也还不具备完成具体生产工作任务的能力。

综上所述，为了使新员工能够全面了解和学习卷烟制造工艺流程、设备运行原理、质量控制要求、岗位操作要点等知识，不断提高新员工对卷烟制造过程的认识，我们认为应该把卷烟制造过程工艺质量管理的相关知识汇编成书，便于卷烟制造企业的员工全面、系统地了解本行业的专业知识，也为新员工提供相应的培训教材。

为此，我们组织了多名具有近20年卷烟制造过程工艺质量管理经验的专业人员，对国内具有代表性的大中型卷烟制造企业的卷烟制造工艺流程特点进行分析，收集、整理近年来新员工工艺设备培训的教材，编制成《卷烟制造过程工艺质量管理实务》。

由于制丝过程和卷包过程存在较大的差异，且卷烟制造过程控制的精细化、信息化程度较高，我们尽可能从原理、作用、相关性等方面进行详细地介绍。同时，根据卷烟工厂将制丝过程和卷包过程分别成立车间进行管理，我们将《卷烟制造过程工艺质量管理实务》分为制丝篇和卷包篇，本书为《卷烟制造过程工艺质量管理实务 制丝篇》。

本书在编写过程中，得到了广西中烟工业有限责任公司、广西烟草学会等相关领导和同事的大力支持和帮助，在此表示衷心的感谢。由于时间和编者水平有限，书中难免有不足之处，恳请广大读者批评指正。

韦小玲

2021 年 12 月

目录

制丝工艺流程
总体介绍

　　中式卷烟的加工制造属于农产品深加工，卷烟产品完成加工后，既要保持烟草本身特有的香气特征，又要改善其原有的影响抽吸感官的不良气息，还要尽可能降低或去除对人体有害的成分。此外，由不同生产产地、不同气候条件、不同生长部位等因素造成农产品原料存在明显的差异性，且卷烟产品以烟丝含量约为1 g 的单支卷烟为消费单位。因此，为了保证工业生产的产品质量的稳定性，在设计卷烟产品时应在考虑该产品主体特征的前提下，采用多产地、多部位的烟叶原料配比组合加工的方式，不仅能提高产品风格特征的丰富感，还能减少某个单一原料的质量波动对最终产品品质的影响。为了使消费者能够感受到同一品种规格卷烟产品质量的一致性，中式卷烟产品的生产制造过程特别注重各个环节的均匀性。因此，卷烟制造过程首先确保产品设计的完整、圆满执行，同时每个环节的控制都以确保均匀性为目标。

　　所谓"制丝"，简单来说就是将烟叶原料加工成符合卷烟制造质量要求的烟丝，也是指将原料（包括复烤片烟、烟草薄片、烟梗）经过一系列处理，并在处理过程中加入有利于改善产品感官质量的香精、香料后，制成符合产品设计要求、配比均匀、适合后工序加工的烟丝的过程。

　　中式卷烟的制丝工艺流程大同小异，不同的生产厂家会根据自身产品的特征对个别环节有所取舍。不同的设备硬件，对某些环节的细致程度、控制方式要求也不同。本书主要针对柳州卷烟厂的制丝工艺流程进行讲解。

　　按照工艺流程设置及过程管理的便利性，我们将制丝过程分为以下5道工序：

　　（1）制叶片工序。将复烤片烟经识别、开箱、计量后，通过松散回潮、剔除杂物、施加料液，然后送入贮叶柜贮存待用。

　　（2）制叶丝工序。将贮存后的叶片经筛分、切丝、增温、增湿后，再进行烘干和冷却定型，制成叶丝。

　　（3）制梗丝工序。将烟梗经筛分、浸润后进行切丝、加料、烘干，再制成梗丝。

　　（4）制膨胀丝工序。将片烟经回潮、加料、切丝后，利用二氧化碳进行膨胀并经干燥后，制成膨胀丝。

　　（5）掺配加香工序。按照产品设计要求，把叶丝、梗丝、膨胀丝等按比例混合均匀，同时施加香精、香料，制成符合卷接加工要求的烟丝。

制丝工艺流程如图 1-1 所示。

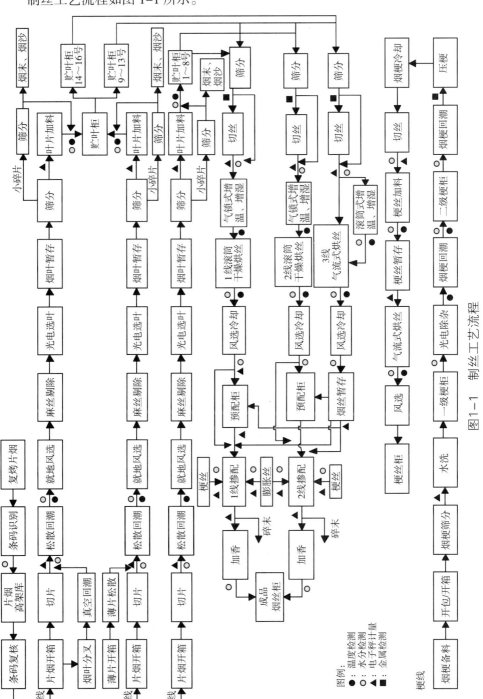

图 1-1 制丝工艺流程

2

制叶片工序

2.1   主要工艺任务

制叶片工序是卷烟制造过程的主要处理工序之一，其主要工艺任务是将符合产品配方设计要求的原料，经开箱计量、分片润叶、除杂初混、加料贮叶，调制成水分含量符合技术要求，配方中各等级烟叶基本混合均匀，且满足后续切丝和烘丝要求的烟叶。简而言之，制叶片工序就是增加烟叶水分，并将各等级烟叶混配的过程。制叶片工序对后续工序的作用主要是通过烟叶松散回潮和加料，将烟叶水分含量调制到符合工艺技术标准的程度，以保证切丝质量（叶丝均匀、不跑片、不并条、造碎少等）和烘丝强度；制叶片工序对产品内在质量的作用主要是通过松散回潮和去除部分杂气，如青杂气和烟叶醇化过程滋生的陈腐味道，同时通过加料工序改善烟叶吸味，如减少地方性杂气、降低刺激、提增烟香、增强甜润感等。因此，制叶片工序控制的要点是均匀、充分和稳定。均匀主要是保障料液施加均匀和各等级烟叶混合均匀，充分主要是烟叶对料液吸收充分、烟叶松散充分和对水分吸收充分，稳定主要是保障生产过程中烟叶水分和温度控制稳定。

2.2   生产工艺流程

2.2.1   主要工艺流程

制叶片工序的主要工艺流程：烟叶入库→烟叶出库→计量①→解包开箱→切片（或真空回潮，或薄片松散）→计量②→松散回潮→风选除杂→麻丝剔除→光电选叶→烟叶预混→计量③→叶片加料→配叶、贮叶。

2.2.2   工艺流程功能介绍

总体而言，各卷烟工厂的制叶片工序配置大同小异。"大同"是指关键、核心的工序都是齐全的。"小异"一方面是指各卷烟工厂的核心工序设备厂家不同；

另一方面是指由于生产线建设时期不同，一般情况下，早期建设的生产线智能化、自动化程度高的设备应用较少，后期建设的生产线智能化、自动化程度高的设备应用更广泛。下面以柳州卷烟厂 2019 年建成投产的新制丝线为例，介绍制叶片工序的生产工艺流程。

（1）烟叶入库。随着卷烟工业企业职能的不断细化，烟叶仓储职能一般由企业的物流部门负责。这里讲的烟叶入库并非指卷烟工厂对从原产地调拨回来的烟叶进行入库，而是指卷烟工厂对物流仓库运送过来的片烟入库。大多数卷烟工厂均配置烟叶周转库，并在周转库对照产品配方单和运输随车单，对物流部门运送过来的烟叶数量、标识（年份、产地、等级、形态和标识完整情况等）信息进行核对和随机抽检霉烂及虫情等质量情况。

（2）烟叶出库。根据生产产品的配方单，高架库烟叶经扫码核对后自动出库至生产线上，麻包烟叶经人工核对后用叉车送至切片机后待用，非原装烟叶经人工核对后用叉车送至解包开箱前的投料通道待用。

（3）解包开箱。根据生产产品的烟叶投料单，人工逐一核对进入生产线烟叶的等级信息后，两个机械手分别完成解收捆绑带、脱纸箱和脱内膜的工作。麻包烟叶一般须人工用刀片划开麻包后再投料。

（4）切片。箱装烟叶须使用切片机将烟叶均匀分切成若干片，一箱烟叶一般可按三刀四片或四刀五片进行分解。柳州卷烟厂采用的是三刀四片的工艺。

（5）松散回潮。根据生产产品的工艺技术标准，通过加水、蒸汽，将烟叶调制成符合工艺技术要求的温度和含水率，使烟叶充分松散和舒展，提高耐加工性，并在一定程度上减少杂气，改善感官质量。薄片或真空回潮烟叶的松散回潮可单独过料，也可跟随主线烟叶均匀过料，各牌号的选择方式可参照工艺技术标准来执行。

（6）风选除杂。根据物料重量的差异，将松散不充分的烟叶、粗重的烟梗和非烟草物质剔除。经人工挑拣合格的烟叶须跟批回掺，回掺时间宜在切片后、松散回潮前。

（7）麻丝剔除。烟叶通过 8 个外表加装不锈钢丝刷、相互间隔一定距离的除麻丝辊，将烟叶中的麻绳等易粘连的物质剔除。

（8）光电选叶。根据物料色泽的差异，将明显区别于烟叶本色的物质剔除。

为防止误剔，需人工对剔除物进行确认和挑拣，合格的烟叶应跟批回掺。

（9）烟叶预混。经过光电选叶后，同一批合格的烟叶须进入同一组预混柜进行预配暂存，主要目的是对各等级烟叶进行第一次混配。同一批烟叶需要全部进柜完成后方可进入下一道工序加工。

（10）叶片加料。按照配方规定，将与生产牌号对应的料液准确、均匀地施加到烟叶上，以改善烟叶的感官质量和物理特性。为保证料液被充分吸收，应按工艺技术要求严格控制烟叶的温度。为满足切丝质量和烘丝强度要求，需根据实际出料水分对烟叶水分进行适当调节。

（11）配叶、贮叶。加料后同一批烟叶应进入同一组贮叶柜，并按工艺技术标准要求的时间进行贮叶。该工序主要有 3 个功能：一是对烟叶进行第二次混配；二是使料液得到充分吸收，并平衡烟叶水分；三是平衡、调节制叶片工序的生产节拍。

2.3　主要设备、设施

为实现既定的生产工艺任务，制叶片工序须配置相应的设备、设施，主要包括片烟高架库、机器人烟包解包系统、切片机等。

2.3.1　片烟高架库

片烟高架库，又称配方库，是现代卷烟生产实现投料前原料集约化管理的重要产物和途径。片烟高架库的设计主要参考卷烟工厂的工作时间（年工作时间、日工作时间）、制丝线整线烟叶配方处理量（生产线产能设计和批量大小）、片烟的主要包装规格和卷烟年产量等指标。柳州卷烟厂的片烟高架库由深圳市今天国际物流技术股份有限公司承建。为适应精细加工、精细配方、先进先出、顺序投料、柔性生产、批次管理，应按订单生产、质量跟踪、均匀掺兑、废品剔除、信息跟踪等需求，确保片烟高架库系统最高可靠性和安全性、最大程度维持不间断生产和有限空间最大存储量等实用性能，柳州卷烟厂片烟高架库物流区域主要分为烟包入库区、高架库区、烟包出库区和出库烟包缓存区等，并配备了出入库输送机、出入库往复穿梭车、立库货架、巷道堆垛机、烟包夹抱机、托盘码分机、垂直提升机和烟包信息识别器等设备，以及配套的仓储管理、控制系统。

2.3.2 机器人烟包解包系统

为解决人工解包、半自动化专机解包中劳动强度大、作业环境差等问题，柳州卷烟厂采用了上海兰宝坤大智能技术有限公司提供的解决方案——使用机器人烟包解包系统。该系统主要由烟包归正和顶升装置、打包带切割机、进料穿梭车、烟包翻转机、出料穿梭车、纸箱折叠堆垛机、内塑料袋切割机、高速线或标准线抓纸箱机器人及夹具、高速线或标准线抓纸板（牛皮纸、内塑料袋）机器人及夹具和相应的控制系统组成，技术起点高，集机器人技术、计算机视觉技术、多传感器融合技术、先进自动控制技术于一体，具有对纸箱烟包（包括内有纸板、塑料袋的烟包）的全自动解包功能，对异形纸箱烟包的半自动解包功能，能够对解包后的纸板、牛皮纸、塑料袋等包装材料进行分类收集处理，并自动整理、堆垛解包后的纸箱。

2.3.3 切片机

在叶片松散回潮前配置切片机，将解包后的叶片烟包分切成厚度相等的数个烟块。在分切阶段，烟块中的层层烟叶得到了一定程度的松散，使烟块进入回潮筒的流量较稳定，确保了回潮机获得优于其他搭配的恒定物料流量。烟块进入松散回潮筒进行松散，为烟叶的松散回潮提供了工艺保证，使回潮的物料获得均匀的出料水分。

目前，国内各大卷烟工厂使用的切片机主要由德国虹霓公司、秦皇岛烟草机械有限责任公司和云南昆船烟草设备有限公司等设计和生产。切片机按切片方式主要分为垂直切片机和水平切片机两种，垂直切片机因设备结构简单、可靠性高等特点被广泛应用。例如，由德国虹霓公司设计的 TSV-AM 型推板式垂直分切机是目前应用最广泛的切片机。该设备主要由机架、推板装置、挡料装置、翻料装置、切刀架、导料装置、切刀架锁紧装置、皮带输送机和切刀驱动机等组成，其切片工艺一般分为三刀四片或四刀五片，三刀四片的工艺是主流切片工艺。

2.3.4 薄片烟包松散机

由于烟草薄片韧性相对烟叶更大，使用切片机进行分切容易损伤切刀，加上烟草薄片在分切受力时容易爆散，造成分切不均匀、薄片散落到设备周围或薄片上的粉末脱落，污染设备和环境，增加清理的成本。因此，需要使用薄片烟包松散机如云南昆船烟草设备有限公司的FT115型薄片烟包松散机对薄片进行预打散，再通过旁线在切片后、回潮前掺回主要的生产线。FT115型薄片烟包松散机主要由均料辊、竖直辊、水平辊、承料底带和控制系统等组成，如图2-1所示。

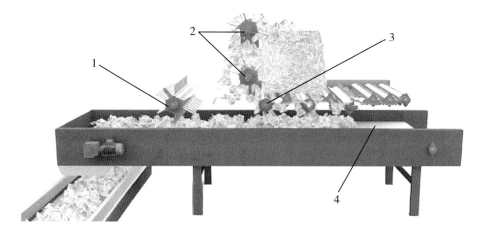

1—均料辊；2—竖直辊；3—水平辊；4—承料底带。

图2-1 FT115型薄片烟包松散机

2.3.5 真空回潮机

烟叶切片或叉分后，一般直接进行叶片松散回潮处理，但对于部分烟叶，特别是青杂气相对较重的烟叶，应先进行真空回潮处理，以提高烟叶的柔软性和抗破碎性，然后松散烟叶（便于均匀掺配），并均匀地适当增加温度和含水率，减轻烟叶中的青杂气，以满足后道工序的加工需求。下面以WZ1004C喷射式真空回潮机为例，介绍真空回潮机的基本情况。

该设备由昆明船舶设备集团有限公司设计制造，额定生产能力（双箱体）为 6 400 kg/h，主要由真空箱体、门提升机构、抽真空系统、增湿系统、蒸汽分配系统、压缩空气及仪表系统、顶棚总成、室外冷却系统和电控系统等组成。其中，抽真空系统是该设备与其他制丝设备最大的不同之处。为更安全和高效地获得真空环境，该设备的每个箱体配置了 1 套三流体联合射流抽真空系统，每套抽真空系统包括 3 台蒸汽喷射泵、1 台大气喷射泵、4 台水射流泵、2 台卧式冷凝器、1 台射流水箱、1 台组合式真空水箱，可以支持二次抽真空作业。

2.3.6　叶片松散回潮机

在整个制丝生产过程中，增温、增湿是重复出现最多的工序，其主要目的是按技术标准要求将烟草物料的温度、水分调整到预期范围，以增强物料的耐加工能力、降低物料在加工过程的造碎率，同时保障后续加工强度符合预期，不断改善烟草物料的内在品质。为保证增温、增湿按既定目标完成，主要通过筒式、隧道式、刮板式、水槽式、喷射式等 5 类结构不同的增温、增湿设备来实现。其中，用于叶片松散回潮的设备主要是筒式增温、增湿设备。

叶片松散回潮机是制丝加工工序中的关键设备之一，在我国主要由云南昆船烟草设备有限公司、智思控股集团有限公司和秦皇岛烟草机械有限责任公司等设计生产。目前，由于秦皇岛烟草机械有限责任公司引进了德国虹霓公司的相关技术，其提供的 TB 系列叶片松散回潮机成为主流选择。该系列叶片松散回潮机为筒式结构，主要工作原理是物料由上游设备送入滚筒式松片回潮机内，在滚筒不断旋转的过程中，一方面，物料由于滚筒自身的轴向倾角及滚筒内把钉和导料板的疏导作用，不断松散并均匀地向出料口方向流动；另一方面，物料在筒内与循环热风、蒸汽和水的混合气体充分接触，从而满足烟叶松散、增温、增湿的工艺要求。

TB 系列叶片松散回潮机按是否具备加料功能可分为 TB-L 叶片松散回潮机（只有松散回潮功能，增加 KAS 型加料机可具备加料功能，如图 2-2 所示）和 TB-S 叶片松散回潮机（具备加料功能）两种类型，其生产能力可根据需要进行选择，一般有2 200 kg/h、3 400 kg/h、4 500 kg/h、6 300 kg/h、8 000 kg/h 和 9 400 kg/h 等标准款式。TB系列叶片松散回潮机主要由筒体、进料板、出料罩、清扫器、热风循环系统、排潮系统、机架、防护罩架、控制柜体、控制管路和电控箱等组成。

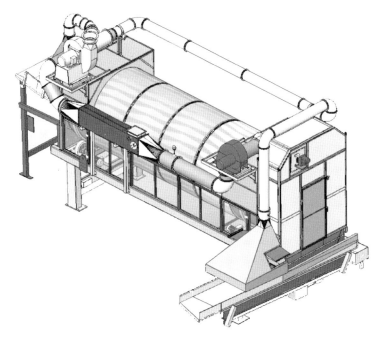

图2-2　TB-L叶片松散回潮机

（1）筒体（滚筒）。筒体是叶片的承载体，由不锈钢卷制而成，如图2-3所示。筒体两端外壁装有大齿轮和滚圈，置于机架的辊轮装置上，支撑并带动筒体转动。筒内进料端有两排交错排布的短耙钉，短耙钉将物料带到一定高度后使其翻转，然后两排稍长的耙钉将物料松散，后面的抄料板底部与筒体之间留有间隙，起到自清洁的作用。筒体进料端设置甩水盘，根据出料方向的不同，筒体旋转方向发生变化。TB-S叶片松散回潮机的出料端增加一部分耙钉作为加料区。

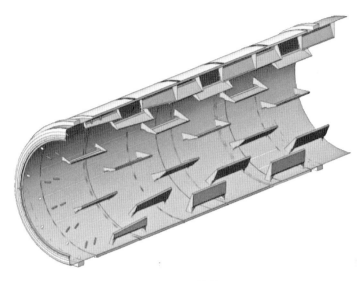

图2-3 筒体

（2）进料板。进料板主要由双介质喷嘴、清洗水喷嘴、压缩空气喷嘴、集水盒、导水槽和密封圈等组成，如图2-4所示。将进料板双介质（蒸汽和水）喷嘴安装在物料进口筒体圆顶腔体内，可调节角度。清洗水喷嘴安装在腔体内，上下各安装1个可旋转的清洗水喷嘴。压缩空气喷嘴安装在物料一侧，贴近筒体内壁，用于尾料快速出料。集水盒和导水槽安装在面板下部。进料口下面用皮带密封，两个侧面采用双层密封。密封圈为白色聚酯纤维毡。

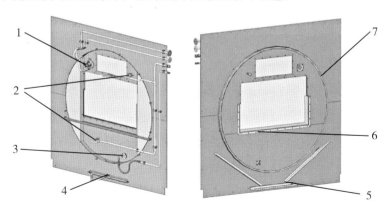

1—双介质喷嘴；2—清洗水喷嘴；3—压缩空气喷嘴；4—集水盒；
5—进料口密封处；6—导水槽；7—密封圈。

图2-4 进料板

（3）出料罩。出料罩为双层结构，内部填有矿渣棉。出料罩的正面有一个维修门，在门的上侧安装有安全开关，在门的下侧和出料罩密封圈处设有接水槽。出料罩的上部有两个可旋转的清洗喷嘴，用于清洗出料罩体。在落料一侧的罩体内装有导料板。出料罩内的筛网为转网结构，具有压缩空气喷吹的功能。出料罩如图2-5所示。TB-S带加料功能的滚筒式叶片松散回潮机，其出料罩上有加料喷嘴，在没有物料的一侧还安装筒体清扫装置，用于吹扫加料区，介质为压缩空气。

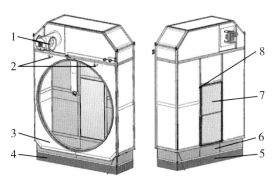

1—清扫转网；2—清洗喷嘴；3—出料罩体；4—出料帘布；5—导料板；
6—接水槽；7—维修门；8—安全开关。

图2-5　出料罩

（4）热风循环系统。热风循环系统的主要功能是保障出口烟叶的温度符合工艺技术要求，其工作原理是利用双速或变频循环风机将后室抽出的湿热空气经风管送至设在滚筒上方循环风道内的换热器加热，经加热后的湿热空气由进料端送入滚筒内，对烟叶进行增湿、增温。为获得稳定、精准的风温，使物料获得预期温度，在循环风道上设有温度变送器。当热风温度与设定值偏离时，温度变送器可自动调节直喷蒸汽阀门的开度，并对热风的温度进行自动调控。热风循环系统如图2-6所示。TB-S带加料功能的滚筒式叶片松散回潮机在循环风道上有一个岔口接通排潮风道，其风量为循环风量的10%。预热时岔管关闭，在生产过程中再打开30%～50%，此时循环风道上的风门稍微关闭。风门可手动设置开度，机械限位。风门应倾斜安装，避免滴冷凝水。

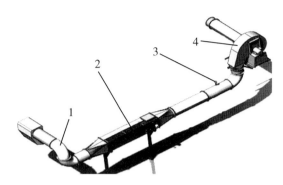

1—风道；2—换热器；3—温度变送器；4—循环风机。
图2-6 热风循环系统

（5）排潮系统。在进料端和出料端均设有排潮系统，排潮系统主要是利用排潮风机通过排潮罩和风管，将筒内外溢的蒸汽抽出。一般通过手动调节风门来控制排潮量，由于排潮量对烟叶的内在品质存在较大影响，设定排潮量后一般不允许自主调整。TB-S带加料功能的滚筒式叶片松散回潮机增加一路外溢料液排潮管道。

2.3.7 风选设备

风选设备是制丝生产过程广泛运用的设备之一，在叶片、叶丝、烟梗、梗丝和膨胀丝等不同烟草物料的加工过程中均有应用。在烟叶松散回潮工序后增加风选设备，主要目的是将松散后烟叶中存在的结块、烟梗、金属和石块等与烟叶重量明显不同的物质分离出来。下面以秦皇岛烟草机械有限责任公司生产的FS42B型风选机为例，介绍风选设备的基本结构和工作原理。

（1）基本结构。FS42B型风选机主要由风选箱体、输送机构、出料机构、出杂斗、滚网机构、调风机构和支腿等部件组成。其中，风选箱体由箱体和调风机构组成。箱体的主体材料采用不锈钢拉丝板，其余部分均由普通不锈钢材料制成。箱体后部设有检修门，维修人员可通过检修门进入箱体内部进行检修工作。箱体侧面均开设一扇观察窗，相关人员可通过观察窗观察物料在箱体内的风选情况。

（2）工作原理。烟草制品通过给料机构进入风选箱体后，先在侧向进风的作用下进行飘选。由于被分离物料的密度和受风面积不同，被分离物料在侧向进风的作用下飘落的距离也不同，因此合理调整侧向进风的速度可以更好地对被分离物料进行飘选。飘选对于质量密度相差不大的物料，分离效果会有所下降。为了保证良好的分离效果，可采用二次分离箱体的垂直进风对飘选的物料再次进行浮选，利用悬浮速度的差异，将混杂在其中的较轻的物料进行筛选，较重、较大的物料则由二次分离箱体的出口排出。虽然在出杂斗中有较快的风速，但是出杂斗的横断面远小于风选箱体的横断面，风选箱体横断面保持合适的风速，使不同质量密度的物料落在箱体内的不同部位。在整个过程中，除了灰尘，没有任何物料被气流带出箱体，从而实现了就地分离、风选不风送的目的。飘选和浮选的共同作用，大大提高了物料的分离精度，确保了物料的分离效果。

2.3.8　麻丝剔除机

由于烟叶是农产品，在收割、初烤、商业收购和复烤打叶等环节大量使用麻袋盛装、麻绳捆扎，因此卷烟工厂在生产过程中经常会发现烟叶中含有麻绳、羽毛、尼龙绳和布条等杂物。在制叶片工序中加装麻丝剔除机，可以分离、剔除非烟草杂物。

麻丝剔除机一般配置在松散回潮工序之后，在对松散回潮后烟叶中的杂物进行剔除，同时在一定程度上起到松散物料的作用。麻丝剔除机与制丝生产线中的光谱除杂、风选除杂等设备分别剔除不同类型的杂质，具有互补性。

FT 型麻丝剔除机是秦皇岛烟草机械有限责任公司生产的、应用较广泛的麻丝剔除机之一，包括除麻丝辊组件、操作平台、支腿、进料组件、出料组件、备用除麻丝辊和控制面板等基本构件。FT 型麻丝剔除机的剔除功能主要由 8 个水平放置的配备独立减速机驱动的除麻丝辊组合来实现，当掺有杂质的物料经过旋转的除麻丝辊时，除麻丝辊表面的不锈钢丝将麻绳等丝状杂质缠住，而烟叶物料被辊带动，从辊的间隙下落松散，从而起到剔除麻丝的作用。在生产过程中，当除麻丝辊表面缠满麻绳时，可利用快拆机构，将备用的除麻丝辊进行快速替换。麻丝剔除机如图 2-7 所示。

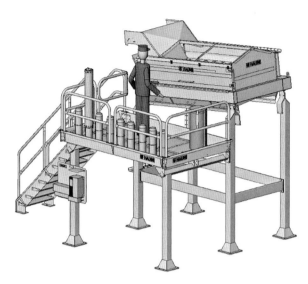

图2-7　麻丝剔除机

2.3.9　智能异物检测剔除装置

烟叶在农户手中收割、收藏过程中，因受条件限制，会混入非烟草杂物，如羽毛、塑料片和塑料薄膜等，在卷烟工业生产中必须剔除这些杂物。上述的风选设备和麻丝剔除机可剔除比烟叶更重的、成丝条状且易粘连的物质，而智能异物检测剔除装置是在叶片处理阶段对以上两种除杂装置的重要补充，其主要技术路径是应用机器人视觉原理，使用复杂的图像处理系统，有效地检测和剔除烟草物料中与正常烟草色泽不同的杂物和霉烟，最大限度地提高烟草产品的纯净度和合格率。

下面以秦皇岛烟草机械有限责任公司生产的FT464/5智能异物检测剔除装置为例，介绍该类除杂设备的主要结构和工作原理。

（1）主要结构。FT464/5智能异物检测剔除装置按结构特点和功能，可分为高速输送机及风送系统、视频柜系统（主要分为检测子系统和剔除子系统）和气流平衡柜系统等。

（2）工作原理。被检测物料经过生产线上游的摊薄机等辅联设备，形成均匀的薄层，使细小的杂物和霉烟不夹杂在被检测物料中。高速输送机及风送系统将薄层的被检测物料加速到 5 m/s, 并稳定通过视频柜系统。当被检测物料穿过摄像机取景区域时, LED 照明光源照亮物料, 高速线阵多 CCD 相机拍摄被检测物料图像, 并送入图像采集处理硬件平台, 经过新一代图像处理算法的处理, 结合形状、纹理等特征参数, 对杂物和霉烟进行识别, 并计算出杂物在相对坐标的位置, 然后高速发出指令给对应坐标的高速剔除电磁阀, 将杂物和霉烟吹落, 使其脱离物料。正常物料则不受影响地通过视频柜系统, 进入气流平衡柜系统, 使高速、悬浮运动的烟叶得到舒缓, 从而平稳地进入下一道工序, 同时使混合烟尘、烟粉的气体经顶部的出口排放到厂房的除尘装置。FT464/5 智能异物检测剔除装置的工作原理, 如图 2-8 所示。

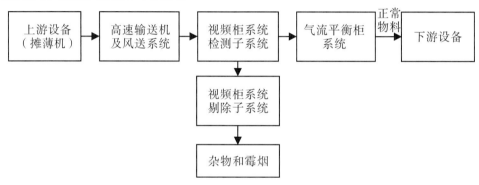

图2-8 FT464/5智能异物检测剔除装置的工作原理

2.3.10　加料机

加料机是卷烟制造过程的重要设备之一, 通过精准的控制和良好的雾化, 使料液按照工艺配方要求的比例均匀地喷洒在烟叶物料上。加料是对烟叶或叶组配方存在的缺陷进行第一次修饰, 目的是减轻烟气的刺激性, 使烟气柔和、细腻, 改善余味, 并改进烟草的物理性能, 如保润性、柔韧性、燃烧性和防霉性等, 同时对物料进行增温、增湿处理。烟叶加料一般选择喷料法。

加料机的生产厂家主要有云南昆船烟草设备有限公司、智思控股集团有限公司和秦皇岛烟草机械有限责任公司, 由于秦皇岛烟草机械有限责任公司引进了德国虹霓公司的技术, 其生产的 KAS 型加料机已被卷烟工业企业广泛应用。下面以 KAS 型加料机为例, 对加料机进行介绍。

（1）主要结构。加料机主要由筒体、进料板、排潮风道、防护罩架、筒体热辐射装置、出料罩、机架、电控箱和控制管路等组成，加料装置一般不包含在内。由于 KAS 型加料机的各部分结构基本与 TB 系列叶片松散回潮机相同，以下主要对其特殊之处做介绍。KAS 型加料机如图 2-9 所示。

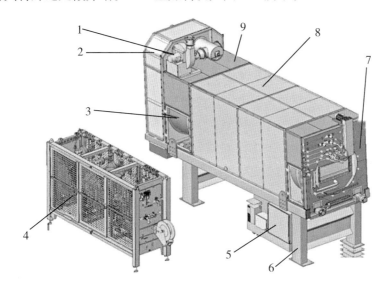

1—排潮风道；2—进料板；3—筒体；4—控制管路；5—电控箱；
6—机架；7—出料罩；8—筒体热辐射装置；9—防护罩架。

图2-9　KAS型加料机

①筒体内设置多排直耙钉，耙钉间距为 25 cm，进料端 3 排耙钉依次增高，出料端 3 排耙钉依次降低，中间的耙钉最高且高度一致。筒体外部用玻璃棉进行保温处理。当加料机配备筒体热辐射装置时，筒体没有设置玻璃棉保温层，筒体与加香机的基本一致，只是进料端有甩水盘。由于筒体内设置直耙钉，当筒体旋转方向改变时，筒体不发生变化。

②进料板上除配置双介质喷嘴和清洗喷嘴外，还专门设置加液喷嘴，而且当加料量大于 600 L/h 时，须安装 2 个加料喷嘴。加料管路配置须满足食品级的要求，管路须倾斜适当的角度，避免积存料液。在进料口的下方还设置一个开放的蒸汽喷头。

③在加料机的出料罩上设置 1 根蒸汽喷管。该喷管不扩径，且蒸汽喷洒速度较快。

④筒体热辐射装置对筒体进行热辐射，使筒体温度保持在 50 ℃，以减少筒体粘料，且基本不会提高物料温度。加热管组为弧形结构，安装在筒体下方，加热管中通入蒸汽，上下各有保温罩，防止热量散失。

⑤刮板清扫机构一般安装在料液黏度非常大的筒体内部，对筒体进行清扫，同时防止筒体粘料，旋转速度为 35 r/min，与筒体旋转方向相反。刮板用可拆的夹子固定在轴上，分段安装，避免与耙钉发生干涉。用长孔调节刮板与筒体内壁的距离。刮板材质为耐磨的塑料。电机安装在进料端，利用齿形带传动。皮带防护罩为全封闭，或下面敞口，避免积存杂物。

（2）工作原理。烟叶经上游计量管和皮带电子秤等设备，由振动输送机送入加料机的滚筒内，滚筒由传动装置带动旋转。由于滚筒的轴向倾角和滚筒内拨料杆的疏导作用，烟叶能够松散、均匀、自动地向出料口方向流动。烟叶在滚筒内翻滚前进时，料液从加料装置通过喷嘴从进料端进入，蒸汽分别从进料端和出料端喷进筒体内部，使烟叶可以充分接触且不断地吸热、加料，保证烟叶得到均匀加料和增温、增湿，达到增温加料的工艺要求。通过排潮风道排出筒内的部分潮气，使筒内保持微负压，避免料液外溢。如果加料机配有筒体热辐射装置，则需要在物料到达之前对筒体进行预热。

2.4　工艺质量控制要求

2.4.1　烟叶入库

（1）烟叶卸车前和入库前的工艺质量要求。

①烟叶卸车前，操作人员应对卸车场所、周边环境和卸车设备等进行检查，保持作业地面和设备表面清洁、干净，避免出现积水、油污和杂物，卸车场所和周边环境无异味和污染源。

②烟叶入库前，操作人员应检查现场各管道有无跑、冒、滴、漏的现象；入库输送设备（各链式输送机、辊筒输送机等）表面应清洁，避免出现残余物料、

水渍、油渍和积尘；堆垛机、穿梭车及其轨道内应干净、清洁，无杂物、油污；烟箱输送通道及其设备无致使烟箱破坏的点位；对高架库及暂存场所和环境进行检查，保持库区环境及其设备、设施干净、清洁，无异味和污染源，环境温度应控制在 5 ～ 38 ℃，环境湿度 ≤ 70%；对烟包等级信息读写设备进行点检，确保烟包信息能快速、正确读写。

（2）烟叶入库过程的工艺质量要求。

在烟叶入库过程中，烟箱应保持干净、整洁、完好无损，避免出现油污和水渍，烟箱的等级和数量符合配方要求。烟箱应在入库通道上摆放整齐，不能与周边设备、设施相互刮碰，以免损坏烟箱的包装或设备、设施。操作人员应跟进每箱烟叶的标识情况，确保每箱烟叶的标识能被准确识别，并录入对应托盘共用系统电子标签（RFID），记录在片烟高架库管理系统上。因包装规格不符合要求或其他原因无法进入高架库，需临时存放在生产现场的烟包、烟箱，一般应以烟叶配方单规定的批次为单位来存放，同一牌号、不同批次的烟叶应尽可能存放在一个区域，不同批次的烟叶之间应有明显分隔，每箱烟叶的包装应整洁、无破损，标识必须清晰、唯一，同一牌号的烟叶也须有清晰的标识（标识内容包括但不限于牌号名称、最小包装单元件数、总件数、总重量、入库时间等）。

（3）烟叶入库结束的工艺质量要求。

烟叶入库结束后操作人员应对本岗位责任区的主机及辅联设备进行保养，并对现场进行巡查，确保现场物品符合"三定三要素"。地面应干净、整洁，各种物料标识、标牌应醒目、无缺损，盛放物不超过定量。操作人员应核对片烟高架库烟叶的入库信息，确保新入库的烟叶账目与实物相符。

2.4.2　烟叶出库

（1）烟叶出库前的工艺质量要求。

①现场操作人员、检验人员等工作人员应对自身穿戴的服装饰品进行检查，确保服装的领口、袖口、腰部扣紧，不穿裙子和高跟鞋，不佩戴项链、手链等饰品，不涂抹气味重的护肤化妆产品，不携带笔、手机和钥匙等易掉落的物品。工作人员应戴工作帽，头发长者应将长发束于帽内。

②操作人员应认真查看交接班记录，如交接班记录有异常情况，应进行跟踪处理；确认当班生产序号、工单、物料重量、班次、生产牌号、生产批量和批次的顺序；严格按照任务单中的工单计划进行生产。

③操作人员应对出库场所和周边环境进行检查，确保现场各管道无跑、冒、滴、漏的现象，避免出现异味和污染源；烟箱/烟包输送设备（各链式输送机、辊筒输送机、叉车等）应保持表面清洁，无残余物料、水渍、油渍和积尘；堆垛机、穿梭车及其轨道内应保持干净、整洁，无杂物、油污；作业区域的地面及设备表面应清洁干净，无积水、油污和杂物。

④操作人员应对烟包等级信息的读写设备等相关检测仪器进行点检，确保各类检测仪器正常运行。

⑤操作人员应对出库区域环境的温度、湿度进行检查，出库温度宜保持在15 ℃以上。

（2）烟叶出库过程的工艺质量要求。

①通常情况下，烟叶出库须按生产批次进行出库，只有前一生产批次所有等级烟叶全部出库后，才能进行下一生产批次烟叶出库的操作。

②操作人员应先查看制造执行系统（MES）日生产计划单的信息，并与中控室核对当前生产的批次、牌号等信息，确保每批次烟叶出库作业应严格按生产计划开展。

③片烟高架库出库的操作人员应通过设备监控系统，实时监控烟叶出库情况，及时处理突发事故，避免影响生产效率。操作人员应现场巡查出库烟箱是否完整，标识是否清晰、完整；现场查看物料到位后输送装置是否无动作（如光电开关失灵）。

④烟叶出库应遵循"先进先出""先到先用"的原则。车间投料人员和出库操作人员应针对待出库烟叶在高架库存放的时间进行辨识，只有在规定存放时间的烟叶才能直接出库。

⑤系统显示出库完成后，操作人员应到现场核对实际的出库烟包数量是否与牌号叶组配方一致。

⑥通知原料复核工该牌号出库完成，原料复核工应在烟叶进行下一道工序前对照配方领料单逐一核实出库烟叶等级、数量是否正确。

（3）烟叶出库结束的工艺质量要求。

每日烟叶出库结束后，须按要求填写相关记录，并按照设备保养规定、现场管理要求，对整个工序的环境卫生进行全面、深度地清洁。

2.4.3　解包开箱

（1）解包开箱前的工艺质量要求。

①操作人员应认真查看交接班记录，如交接班记录有异常情况，应及时进行跟踪处理；通过 MES 信息，核对当班生产序号、生产牌号、生产批量和批次的顺序。

②操作人员应对出库场所和周边环境进行检查，确保现场各管道无跑、冒、滴、漏的现象，避免出现异味和污染源；作业区域的地面、设备表面和工艺通道应清洁干净，避免出现积水、油污和杂物。

③操作人员应检查打包带、纸皮/塑料袋、纸箱和接料盘是否放置合理，特别是接料盘，防止穿梭车来回运行时碰撞接料盘。

④过料前操作人员应对设备进行点检，确保设备运转正常，物料接触部位无污渍，无致使烟箱破坏的点位。

（2）解包开箱过程的工艺质量要求。

①点击主电柜操作界面"批次比对"，查看当前的生产批次、牌号，并与中控室核对生产批次、牌号的信息。

②与上下工序沟通，确认物料和设备的状态，避免出现混批和断料的情况。

③在过料过程（高架库自动出料）中，应逐一核对烟箱的标识和数量，确保烟箱的标识和数量与产品配方单保持一致。

④首包烟箱进入解包工序后，操作人员应跟随烟箱的流向监控烟箱解包的过程，及时验证设备和监控片烟状态；检查设备运行情况，对异常设备应及时停机处理，无法处理时应通知带班长或修理工人。

⑤在解包开箱过程中，操作人员应定期（每次 20 min）对所辖区域设备进行巡检，发现问题应及时处理，无法处理时应及时通知带班长或修理工人。

⑥在解包开箱过程中，应对来料片烟进行监控，使片烟符合工艺要求。

⑦认真跟踪机械手解包开箱的过程，确保烟箱捆扎带回收干净，纸箱回收完整，内膜拆解清除干净。

⑧解包开箱后，烟叶应摆放整齐、有序和均匀。

（3）解包开箱结束的工艺质量要求。

①生产批结束时，须与上一道工序的操作人员（配方人员）联系，确认生产结束。巡查生产现场，清扫工艺通道内部及沿线残余物料。

②每班生产结束时，对所辖范围内的主机及辅联设备进行保洁。

③每日生产结束时，应将现场物品摆放整齐，保持物品干净，将地面清洁干净，检查各种管理标识，标牌应醒目、无缺损，盛放物不超过定量。

2.4.4　切片

（1）过料前应对切片设备进行点检和保养，确保设备运转正常。物料接触部位应清洁干净，确保无积尘、油渍和异物。设备及周边环境应无明显异味。

（2）输送带上烟块的切口面应与切刀保持平齐。切片后烟块的厚度应均匀一致，烟块的厚度极差不宜大于 15 mm。烟块在输送带上应排列整齐、均匀，切口面与皮带接触，且烟块与输送带前进方向保持平齐。烟块之间宜排布紧密，如有间隙，块与块的间距也应保持基本一致。

（3）在切片过程中应检查在切片机切成的片烟中是否有霉变烟和烧心烟，若存在霉变烟或烧心烟应及时剔除。当剔除片烟重量大于 40 kg 时，须及时向跟班工艺员上报。同时，关注烟叶切片过程的造碎情况，如有侧漏应及时回收并跟批回掺。

（4）同牌号生产时，当前一批最后一个烟块进入切片机完成切片后，应将切片机调至自动待机状态，以预防混批。

（5）每班生产结束时，应对本工序设备进行清洁和保养，对工艺通道进行清洁。

（6）每日生产结束后，车间保养班组应对本工序所有设备、设施进行清洁和保养，对周边地面的卫生进行清洁。

2.4.5　薄片松散

（1）过料前应对薄片松散设备进行点检和保养，确保设备与物料接触部位清洁，无异物、烟叶和烟灰积存。

（2）由于柳州卷烟厂薄片松散后尚无法自动输送至主线，需要用送料小车接出，再由人工送至旁线掺配后进入主线，因此在过料前应准备送料小车接料，送料小车和薄片掺配旁线应保持清洁，无异物、烟叶和烟灰积存。

（3）每隔 20 min 须观察一次薄片喂料仓中的薄片存量，以及切片机前的备料是否充足。

（4）为防止薄片误掺，应对送料小车做好标识，同一批次薄片应集中归堆暂存。

（5）每批过料结束后应对设备进行清洁和保养。

2.4.6　真空回潮

（1）过料前应对真空回潮设备进行点检和保养，确保设备与物料接触部位清洁、无异物，烟叶周转箱内应无烟叶、烟灰积存。

（2）检查蒸汽、水和压缩空气的工作压力，使其符合工艺设计要求。

（3）尽可能保证每个周转箱中烟叶的重量一致。

（4）根据原料特性和产品风格质量要求设定工艺参数，在真空回潮过程中，设备能严格按设定的工艺参数（抽真空温度、蒸湿温度、保温时间和反抽时间等）运转。

（5）真空回潮后应及时出料和翻箱喂料，在真空回潮箱体和周转箱内的存放时间不应超过 30 min。

（6）真空回潮后翻箱角度应适宜，确保翻箱后周转箱内无烟叶残留。

（7）真空回潮后烟叶进入主线，应使流量均匀、稳定。仅部分等级的烟叶在真空回潮时，应单独进行松散回潮处理。

（8）生产批结束后，应对设备进行清洁和保养，及时清除通道的积水和散落的物料，避免发霉腐臭。

2.4.7　松散回潮

（1）松散回潮前的工艺质量要求。

①查阅上一班次的交班记录，确认上一班次发生的设备、工艺质量问题是否处理妥当，如有未完成处理的，应通知相关人员处理完成后方可过料生产。

②登录 MES，查阅相关生产信息。核对当班生产序号、生产牌号、生产批量及批次生产工艺路线。

③缓慢开启蒸汽截止阀，然后开启冷凝水排放阀，5 min 后，蒸汽截止阀开启至最大，排空管道内的冷凝水，再关闭冷凝水排放阀。

④在设备开启之前，应对本工序环境卫生状况进行巡查和确认。例如，检查现场各管道有无跑、冒、滴、漏的现象，若有上述现象，则通知维修工人进行处理。确认本工序现场地面清洁、无积水，地漏畅通，若发现问题应向班级管理员汇报并及时处理；确认本工序各接料装置清洁到位。检查工艺通道内的物料和杂物，以及各皮带输送机、振动输送机等输送设备，保证通道清洁，无残余物料、水渍和积尘，皮带没有跑偏的现象，振槽摇臂运行正常。检查现场水分仪、温度仪的探头镜面是否清洁、无灰尘；水分仪、温度仪上的压缩空气管连接牢固，将手分别放在水分仪和温度仪下方，观察读数是否有变化。对本工序设备、设施和动力能源状况进行巡查、确认。对回潮所用动力能源进行检查，确保蒸汽压力、水压和压缩空气压力符合工艺设计要求，且无明显异味。对增温增湿系统、热风循环系统和传动部件进行点检，确保其正常工作。对蒸汽、水管道和喷嘴进行检查，确保其畅通；喷嘴角度应合理，雾化效果应适度。确认水分、温度、水、蒸汽、热风和压缩空气等物质的在线测量仪器、仪表工作正常，并按要求定期校验。

（2）松散回潮过程的工艺质量要求。

①提前预热回潮筒，当筒内温度达到预热要求后方可过料。

②提前核对待松散回潮烟叶的生产牌号信息，确保设定正确，并确认现场使用的管理标准、技术标准等文件为现行有效版本，同时确认下达到本地的工艺技术参数与生产牌号工艺卡上的信息保持一致。

③提前在中控室确认在线水分仪 TRIM 值符合最新要求，且准确下达到本地。

④在松散回潮过程中，不得擅自更改加工工艺方法、工艺参数、工艺技术等与产品质量相关的要求。

⑤在松散回潮过程中，应巡查电子皮带秤控制面板的流量波动和皮带速度，检查计量管是否堵料，皮带是否跑偏，如有异常，应及时通知中控室的操作人员或维修工人进行处理。

⑥在松散回潮过程中，应按要求检查松散回潮机的蒸汽、水、压缩空气状况，若达不到通用条件工艺技术要求，应通知中控室的操作人员停止进料，待工艺技术条件正常后才可继续生产。

⑦在松散回潮过程中，应根据工艺质量技术要求进行工艺质量点检，确认蒸汽压力、物料流量、热风回风温度、出口水分、物料累计量等主要质量指标符合工艺技术要求，并按照要求填写工艺记录本。

⑧在松散回潮过程中，应按要求巡查本工序输送带、振动输送机、喂料机等设备运行情况，确保物料连续、均匀、稳定和受控。

⑨在松散回潮过程中，应按要求巡查本工序设备有无异常响声、振动，环境中有无异常气味，发现问题应及时通知维修工人或工艺人员。

⑩当所生产卷烟牌号叶组中含有的薄片需要单独过料时，应特别注意其所用工艺参数及质量要求是否与正常烟叶加工参数一致，若不一致，应采取分组加工，即设置不同的加工参数进行生产。

（3）松散回潮常见的工艺质量问题及处理。

①回潮出口物料的水分和温度跟踪值与波动程度应满足工艺设计要求。当出口物料的水分、温度超标时，应在保持热风温度在工艺设计范围内的基础上，对工艺水分、载体汽和工艺蒸汽添加值进行单一或组合微调。其中，工艺水分连续超过允许误差范围达到 2 min，应通知中控室的操作人员调整相关参数；若工艺水分连续超过允许误差范围达到 5 min，应暂停进料，及时向带班长及工艺人员反映，并通知维修工人进行处理。

②生产应连续、均匀进行。当生产过程突然停机时，应及时打开松散回潮筒的门进行散热；当预计停机时间可能超过 25 min 时，应及时将筒体内的物料排出。

③物料出现异常（断料、堵料、流量低于或高于设定值 ±1%）且不能自动恢复时，应断开本地隔离开关，通知中控室的操作人员，悬挂安全警示牌后再进行疏通；若设备发生故障时，应立即停机，并向维修工人反映，待查明原因且维修完成后再重新开机过料。

④若在松散回潮筒出口发现烟叶中含有杂物，应对烟叶块型进行判断，如块型完整无损，或虽不完整，但断口明显陈旧，应及时挑拣杂物后继续观察 3～5 min，查看是否仍有杂物流出；如块型破损且断口崭新或不能确定断口的新旧，应在挑拣杂物后，通知工艺人员或带班长安排专人盯防挑拣；如在发现杂物前已有杂物通过，应在交接班记录本上进行记录，并通知工艺人员或带班长安排人员在预混柜出料时进行跟踪挑拣。

⑤若松散回潮的回风温度不在设定值 ±3 ℃的范围内，应通知中控室的操作人员进行调整，超过 5 min 仍无法调整到标准范围时，应通知维修工人进行处理。

⑥若松散回潮出口有水渍烟叶（含水率＞20%），应及时挑出水渍烟叶，连续出现水渍烟叶 5 min 以上，应通知中控室的操作人员停机处理。

（4）松散回潮结束的工艺质量要求。

①每批过料结束时，需与上一道工序的操作人员联系，确认生产结束。同时，巡查生产现场，清扫工艺通道内部及沿线残余物料，特别是在需要换牌生产时，必须对工艺通道进行清洁，以及对回潮筒的排潮罩和筒壁进行清洁和保养。

②每班生产结束时，应对所辖范围内的主机及辅联设备进行保洁。做好工艺质量、设备等方面的交接班记录，特别是本班发生的未能在本班完成整改、修复的工艺质量问题、设备故障，必须清晰、准确记录。

③生产结束后，在控制面板上点击"控制面板"按钮，选择"生产停止"按钮，关闭回潮筒的工艺用水、总汽源和压缩空气气源总阀门，等待回潮筒的顶起电机升到合适的位置后，在电柜 ZS21-A 按下"主开关关闭"按钮。

④每日生产结束时，应将现场物品摆放整齐，保持干净、无尘土，将地面清洁干净。同时，检查各种管理标识、标牌，保证其醒目、无缺损，盛放物不超过定量。

2.4.8　风选除杂

（1）过料前应对风选除杂设备进行点检和保养，确保设备与物料接触部位清洁，无异物、烟叶和烟灰积存。

（2）过料前应对风选除杂设备的电机频率进行核查，确保风选机的风量适宜，既能充分剔除结块烟叶和杂物，又不至于剔除过量的合格烟叶。

（3）风选机采集的新风和自身回风应干净，无明显异味。

（4）对于风选机剔除的物料，应安排人员进行整理，剔除非烟草物质和粗梗等杂物后，利用人工将烟叶送至松散回潮筒入口端跟批回用。当风选掉落较多未松散烟块时，应将该情况反馈至松散回潮工序的操作人员核查原因，短时间不可修复时，可停机并通知维修工人进行维修。

2.4.9　麻丝剔除

（1）过料前应对麻丝剔除设备进行点检和保养，确保设备与物料接触的部位清洁，无异物、烟叶和烟灰积存。

（2）过料前应检查除麻丝辊的麻绳等丝状杂质缠绕的情况，如有丝状杂质缠绕，应更换干净的除麻丝辊或将除麻丝辊上缠绕的麻丝清除干净后才可过料。

（3）除麻丝辊的间距应调整适宜，保持转速稳定。

2.4.10　光电选叶

（1）过料前应检查环境卫生，在高速皮带机出口不能有堆积的物料，高速皮带机上没有污迹和斑点，高速皮带机的内表面应清洁干净，防止出现皮带跑偏的情况。

（2）照明灯、发光镜、摄像机镜头的玻璃必须保持清洁，无斑点、划痕和碎屑。

（3）过料时应检查剔除物的情况，如果误剔率、漏剔率较大，应对设备进行调校。

（4）过料时应确保设备进料连续、均匀和稳定。

（5）及时安排人员处理剔除物，尽可能挑拣合格的物料回收，如不能挑拣，则对剔除物进行报废处理。

（6）生产结束后，应关闭光电除杂机。先在屏幕上按"自动牌号"，关闭系统、电脑，然后按照光源开关、摄像机电源开关、系统开关的顺序，每间隔1 min按逆时针方向关闭设备，最后按下"停止"按钮。

2.4.11   烟叶预混

（1）过料前应对进料通道、布料行车及贮叶柜内部进行清洁和保养，确保设备与物料接触部位清洁，无异物、烟叶和烟灰积存。

（2）布料分为条播和寻堆两种方式。柳州卷烟厂采用条播方式。该方式一般要求纵向布料运行速度能保证配方中最小组分在贮叶柜长度方向均匀分布；横向布料应尽可能使物料在布料车上均匀分布，保证出料端面配方组分均匀。

（3）贮叶柜应有明显的标识，包括但不限于牌名、批次、时间等信息，不得有错误的信息。

（4）每组贮叶柜只能存放同一批次的烟叶，不得混装、错装。

（5）烟叶预混时，同一批次的烟叶应全部进柜后才可出柜，不得边进边出。

（6）烟叶进柜结束后，贮叶高度不宜大于1.3 m。

（7）烟叶在贮柜中的贮存时间应符合工艺设计要求的时间。

（8）烟叶出柜前，应对出柜皮带进行清洁和保养，设备与物料接触的部位保持清洁，无异物、烟叶和烟灰积存。

（9）烟叶出柜时，出料应连续、稳定，出料完全后底带不得有烟叶残留，并定期对柜内进行清理，防止发生霉变。

（10）烟叶预混间的环境温度、湿度应符合工艺技术要求。

（11）同一批次烟叶进、出料结束后，应及时对设备进行清洁和保养，同时对通道进行清洁。

2.4.12 叶片加料

（1）叶片加料前的工艺质量要求。

①查阅上一班次的交接班记录，确认上一班次发生的设备、工艺质量问题是否处理妥当，如有未完成处理的，应通知相关人员处理完成后才可过料生产。

②登录 MES，查阅相关生产信息。核对当班生产序号、生产牌号、生产批量和批次生产工艺路线，特别是每次换牌时，需在加料筒上更换配方，检查水压、压缩空气压力、蒸汽压力等是否符合工艺卡上的工艺要求，更换牌号后应通知中控室进行核对。

③在设备开启之前，应对本工序环境卫生状况进行巡查和确认。例如，检查现场各管道有无跑、冒、滴、漏的现象，若出现上述现象应通知维修工人进行处理。确保本工序现场地面清洁、无积水，地漏畅通，若发现问题应向班级管理员汇报并及时清理；确保本工序各接料装置清洁到位。检查工艺通道内的物料和杂物，以及各皮带输送机、振动输送机、碎片筛网等输送设备，保证通道清洁，无残余物料、水渍和积尘，若发现设备保养不到位的情况，应及时向班级管理员反映。检查皮带是否有跑偏的现象，振槽是否有异常声响，振槽摇臂是否正常。检查现场水分仪、温度仪的探头镜面，要求镜面清洁、无灰尘；检查压缩空气压力表，其示数是否为正常值 0.2 MPa，若低于 0.2 MPa，应及时通知维修工人进行处理；确保水分仪、温度仪上的压缩空气管连接牢固，将手分别放在水分仪和温度仪下方，观察读数是否有变化，若读数有变化，则说明正常。检查喂料机光电管是否有杂物遮挡，观察窗是否有积尘，喂料仓内部要求清洁、无杂物；确认提升机前喂料仓控制底带运行的光电开关处于正常状态。检查电子皮带秤的输送皮带和计量管，要求清洁、无积尘，光电管前无杂物遮挡，电子皮带秤挡边没有卷入皮带中，应处在外控—联动—双路的状态。检查滚筒内壁清洁卫生情况，内壁不应有积烟、积水、积垢和积灰的现象。

④在设备开启之前，应对本工序设备、设施及动力能源状况进行巡查和确认。对回潮所用动力能源进行检查，确保蒸汽压力、水压和压缩空气压力符合工艺设计要求，且无明显异味。对增温增湿系统、热风循环系统及传动部件进行点检，确保其工作正常。对蒸汽、水管道和喷嘴进行检查，确保其畅通；喷嘴角度

应合理，雾化效果应适度。确认水分、温度、水、蒸汽、热风和压缩空气等物质的在线测量仪器、仪表按要求定期校验。确认蒸汽、水、料液和压缩空气计量、控制准确，并提前排空管道内的冷凝水。

（2）叶片加料过程的工艺质量要求。

①料液预填充完成，且确认加料筒预热正常，生产线启动正常后，应通知中控室的操作人员启动叶片加料设备。

②确认预混柜出烟正常，贮叶柜进柜正常（加料后烟叶应根据后续工序加工要求选择适合的贮叶柜进行配叶、贮叶）。加料系统已备好料液且温度达到工艺要求的料液温度，喂料仓物料满仓，计量管预填充完成后，应通知中控室进行过料生产。

③过料开始或结束时，应确保烟叶流量与料液喷射时间同步，不应出现料液喷射过早或烟叶加不上料的情况。

④随物料流向对传输线进行巡检，确认物料均匀输送，无堆积、堵料和漏料等现象。

⑤现场检查确认烟叶是否正常进入贮叶柜，核对电子显示屏幕的信息是否正确，若信息不正常，须及时反馈。

⑥每隔 20 min 巡检一次，并按照要求填写工艺记录本。在电子皮带秤控制面板上观察流量波动和皮带速度，检查计量管是否堵料，皮带是否跑偏，皮带机是否有异常声响，如有异常应及时上报，并通知中控室的操作人员或维修工人进行处理。检查加料机蒸汽压力、水压、压缩空气压力状况，若达不到通用条件工艺技术要求，应通知中控室的操作人员停止进料，待检查确认工艺技术条件正常后才可继续生产。根据工艺质量技术要求进行工艺质量点检，确认载体蒸汽压力、物料流量、出口温度、出口水分、加料精度、料雾化引射压力等主要质量指标是否符合工艺参数执行单，若与工艺质量技术要求偏差过大，应及时通知中控室的操作人员进行调整，保证产品质量。同时，按要求如实填写工艺记录本。水分、温度的检测应以在线检测仪器的检测过程为主，标准检测仪器的人工定时检测和不定时手感检测为辅。烟叶在进入加料筒前应检查筛分装置的运行情况，确保筛孔畅通，将直径在 3 mm 以下的碎片筛除，不经过加料筒，其中将直径大于 1 mm 的碎片通过皮带输送至加料筒出口后回掺入主线。确认加料来料烟叶无结

块、结团现象，无水渍烟叶，水分、温度应符合工艺要求。加料出口物料水分和温度跟踪值与波动程度应满足工艺设计要求，如跟踪值有波动，应及时调整。确认加料过程料液温度基本保持恒定并符合工艺技术要求。检查料液施加情况，瞬时加料精度、累计加料精度应符合工艺设计要求，并及时对料液过滤装置进行清洁。

（3）叶片加料常见的工艺质量问题及处理。

①如在生产过程中发现烟叶未加料，应将该批烟叶隔离（未加料、未生产的烟叶分开隔离）并标识，然后向工艺质量科反馈。

②如在生产前发现错用料液，应重新备料；如在生产过程中或生产结束后发现错用料液，应将该批烟叶隔离（未加料、已加料的烟叶分开隔离）并标识，然后向工艺质量科反馈。

③如在生产前发现加料比例设定错误，应重新设定加料比例；如在生产过程中或生产结束后发现加料比例设定错误，应将该批烟叶隔离（未加料、已加料的烟叶分开隔离）并标识，然后向工艺质量科反馈。

④若发现加料精度未达到要求，应将该批烟叶隔离，然后向工艺质量科反馈。

⑤若出现设备突然停机，停机时间（或可预见停机时间）< 10 min，可不对物料另行处理；10 min ≤ 停机时间（或可预见停机时间）≤ 25 min，须打开加料筒出口的安全门进行降温；停机时间（或可预见停机时间）> 25 min，应将出料筒内的烟叶进行降温，待恢复生产后，将降温后的烟叶从加料筒入口均匀回掺到该批烟叶中。

⑥若在生产过程中发现有水渍烟叶、湿团烟叶时，应及时将水渍烟叶或湿团烟叶从生产线上（含贮叶柜中）剔除。

⑦若出口温度指标超出实际控制值允许误差的上下限，应将该批烟叶隔离并标识，然后向工艺质量科反馈。

⑧烟叶中出现杂物，如混入垫纸板类杂物，应及时挑拣；如混入塑料、金属等杂物，应及时挑拣后通知工艺人员或带班长。

（4）叶片加料结束的工艺质量要求。

①检查并确认通道上物料完全进入贮叶柜后，通知中控室的操作人员烟叶加

料进柜完成，当前批次生产结束。

②进柜完成前 10 min，清理喂料机提升带下托盘内的残余物料，并掺入当批喂料仓中，再清扫沿线皮带机挡边上的物料。

③有遮盖的物品必须遮盖整齐，遮盖物保持干净，不使用时应叠放整齐。应用原来的筒或新筒盛装加料罐接出的剩余料液，不可与盛装其他料液的筒混装，并按规定的位置摆放整齐，标识清楚。

④每批烟叶过料结束时，应巡查生产现场，清扫工艺通道内部及沿线残余物料，特别是需要换牌生产时，必须对工艺通道、回潮筒的排潮罩和筒壁进行清洁和保养。

⑤每批烟叶加料结束，特别是换牌时，应及时对抽料管路、加料罐进行自动清洗，然后对加料罐的表面进行擦拭，以保持加料罐清洁。同时，应对加料筒、过料皮带和振槽进行清洁。

⑥所有物品标识（含产品标识和临时存放物标识等）必须标注准确、内容完整、书写规范、放置合理。

⑦检查工艺、质量、设备记录本的填写情况，如有遗漏的内容应补充完整，确保各类记录本记录规范。

⑧盛放原辅材料、在制品、废品的各种容器、周转箱、车等应保持清洁，标识清楚，运输中不得出现泄漏。

⑨确认下一批次牌号及工艺要求，核对各项工艺参数，对需要掺兑的烟叶、剩余的烟叶应严格按照程序掺兑。

⑩每班生产结束时，对所辖范围内的主机及辅联设备进行保洁。做好工艺质量、设备等方面的交接班记录，特别是本班发生的未能在本班完成整改、修复的工艺质量问题、设备故障，必须清晰、准确记录。

⑪每日生产结束时，应将现场物品摆放整齐，物品保持干净、无尘土，同时将地面清洁干净，检查各种管理标识、标牌，保证其醒目、无缺损，盛放物不超过定量。

2.4.13　配叶、贮叶

（1）过料前应对进料通道、布料行车和贮叶柜内部进行清洁、保养，确保设备与物料接触的部位清洁，无异物、烟叶和烟灰积存。

（2）贮叶柜的选择应满足后续加工要求。柳州卷烟厂有两个贮叶间，其中1～8号柜在第一个贮叶间，9～16号柜在第二个贮叶间。1线加料后烟叶只能进入第一个贮叶间1～8号柜配叶、贮叶，该8组柜贮叶后只能选择1线、2线制丝，2线、3线加料后共用1条皮带，只能将烟叶送至第二个贮叶间9～16号柜配叶、贮叶，贮叶后9～13号柜的烟叶可选择1线、2线、3线制丝，14～16号柜的烟叶只能选择3线制丝。

（3）布料分为条播和寻堆两种方式。柳州卷烟厂采用条播方式。该方式一般要求纵向布料运行速度能保证配方中最小组分在贮叶柜长度方向均匀分布；横向布料应尽可能使物料在布料车上均匀分布，保证出料端面配方组分均匀。

（4）贮叶柜应有明显的标识，包括但不限于牌名、批次、时间等信息，不得有错误信息。

（5）每组贮叶柜只能存放同一批次的烟叶，不得混装、错装。

（6）同一批次烟叶应全部进柜后才可出柜，不得边进边出；同一批次烟叶的两个对顶柜应同时出料。

（7）烟叶进柜结束后，贮叶高度不宜大于1.3 m。

（8）烟叶贮存时间应满足工艺设计要求。贮叶时间应根据产品质量要求确定，最短贮叶时间应能保证料液充分吸收，烟叶水分充分平衡；最长贮叶时间以不使烟叶外观质量、内在质量降低为限。

（9）烟叶出柜前，应对出柜皮带进行清洁、保养，设备与物料接触的部位应清洁，无异物、烟叶、烟灰积存。

（10）贮叶间的环境温度、湿度应符合工艺技术要求。

3

制叶丝工序

3.1　主要工艺任务

制叶丝工序是烟叶在一定环境的温度、湿度条件下贮存一段时间后，经过输送皮带输送至切丝机，切丝机按工艺要求将烟叶切成宽度均匀的叶丝。叶丝经过定量喂料进入增温、增湿设备，可以提高叶丝的温度和增加叶丝的含水率；一定温度和水分的叶丝通过滚筒式或气流式干燥，去除叶丝中的部分水分，提高叶丝的填充能力和耐加工性，同时彰显卷烟香气风格，改善感官舒适性，提升感官质量，实现叶丝感官质量和物理质量的协调统一。将干燥后的叶丝进行柔性风选，去除叶丝中的梗签、湿团、烟垢块等，使叶丝快速冷却、定型，达到适宜的叶丝温度和含水率。风选后的叶丝进入叶丝暂存柜，使叶丝充分地混合和平衡，或直接进行掺配加香工序。

3.2　生产工艺流程与设备

制叶丝工序的主要生产工艺流程：贮叶→定量喂料→计量→切丝→定量喂料→叶丝增温、增湿→叶丝干燥（滚筒式干燥或气流式干燥）→柔性风选（一级或二级风选）→叶丝暂存。

在叶丝增温、增湿环节，目前卷烟工业企业常见的工艺处理有两种：一种是气锁式增温、增湿设备，通过施加一定比例的蒸汽，对叶丝进行增温、增湿；另一种是滚筒式增温、增湿设备，在滚筒内施加蒸汽和水，同时利用热风对叶丝进行增温、增湿。

在叶丝干燥环节，目前卷烟工业企业常见的工艺处理有两种：一种是滚筒式干燥，柳州卷烟厂目前常用的是两段式烘丝机，两段式烘丝机通过筒壁温度，同时配合热风温度、热风风速等参数对叶丝进行干燥，叶丝在筒内运行 5～7 min；另一种是气流式干燥，通过热风对叶丝进行快速干燥，叶丝在筒内运行时间约 10 s。根据产品风格及特点要求，采用适宜的干燥方式，灵活选择工艺线路。

制叶丝工序的切丝设备主要有 SD5 切丝机、EVO 切丝机及其他型号切丝机。叶丝增温、增湿设备主要有气锁式增温、增湿机和滚筒式增温、增湿机。叶丝干燥设备主要有 KLD 两段式烘丝机、HDT 气流式烘丝机和滚筒管板式烘丝机。柔性风选设备主要有一级柔性风选机和二级柔性风选机。

3.2.1 切丝设备

切丝是将烟叶按设定要求切成宽度均匀的叶丝，满足后工序加工要求。该加工过程要求烟叶松散、舒展、无结块现象，流量均匀、稳定，且烟叶中无金属、石块等非烟草杂物。目前，常用的切丝设备有德国虹霓公司的 SD5 切丝机和 EVO 切丝机、昆明烟机集团二机有限公司的 SQ3 系列切丝机等。

（1）SD5 切丝机。

SD5 切丝机由德国虹霓公司生产，设备型号为 SD508，额定生产能力为 8 000 kg/h，切丝宽度为 0.7～1.2 mm，额定切丝宽度为 0.9～1.0 mm，切丝含水率为 17%～23%。刀门宽度为 50 cm。该设备可按产品要求在操作界面上设置相应的切丝宽度、刀门压力、刀辊转速、进刀速度、磨石送进速度、磨石移动速度和刀辊温度等参数。该设备的主要特点是减少施加在烟叶上的压力，实现柔性切丝。SD5 切丝机如图 3-1 所示。

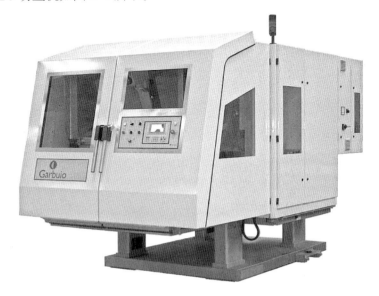

图3-1　SD5切丝机

先将烟叶输送到振槽上，然后通过振槽的振动，将烟叶输送至送料排链上。叶丝的检测依靠传感器测量，使机器设备控制系统达到控制的标准。两个送料排链能实现压实烟叶的功能。其中，上送料排链为折页式连接，可起到导向的作用，并气动加载到所提供的烟叶上，使其受压到所需压实的程度。被压实的烟叶通过刀口时被挤压，然后使用带有锋利切丝刀片的旋转式刀辊部件进行切割。通过控制送料排链和刀辊部件之间的速度，以及机器设备的控制系统来维持切丝宽度。刀辊部件的切丝刀片主要依靠磨刀装置不断往复运动，使切丝刀片保持锋利。为了减少砂轮磨刀器磨损，维持砂轮磨刀器在空间上的精确性，应定期向下进刀，并依靠金刚石修整器进行打磨。叶丝从刀辊部件到斜槽成离心式的卸料，并将叶丝输送到末端输送机上。利用刀口的气动作用对刀辊部件和磨刀装置进行维修、保养和清洁。SD5切丝机的切丝过程如图3-2所示。

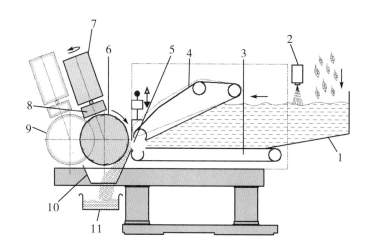

1—振槽；2—传感器；3、4—送料排链；5—刀口；6—旋转式刀辊部件；7—磨刀装置；
8—金刚石修整器；9—气动作用；10—斜槽；11—输送机。

图3-2　SD5切丝机的切丝过程

振动输送机负责将物料按一定的流量运输到切丝机内。送料排链包括上送料排链和下送料排链，其结构是利用不锈钢耙钉来连接机械式和钻孔式的锰青铜板条，而不锈钢耙钉是靠螺纹栓成轴向对称来进行固定的，如图3-3所示。上送料排链为下送料排链提供叶丝流动所需的压实力，从而在切割点上形成一个均质体（烟饼）。上送料排链作为设备的支撑物，可控制切割点的移动，并与刀辊部件形成同心弧形，依靠链环连接，形成平行四边形的运行轨迹。喂料端的排链靠轴来驱动，而轴安装在线性导向装置的电动变速箱上，这将补偿少量的水平运动，但取决于切割端平行四边形的移动情况。送料排链依靠回程端上的调节滚子螺钉调节张力。切割端的气动制动器可实现压实力，可在操作面板上选择压实力的数值。该设备的操作高度依靠线性分压计进行测量，并显示在操作面板上。下送料排链用于输送喂料端上的叶丝接近切割点，在定时输送叶丝期间，由上送料排链进行压实。轴安装在切割端驱动排链的电动变速箱上，并利用喂料端上的调节滚子螺钉进行旋紧。送料排链依靠导料板的支撑，在上端及下端运行，而导料板由低摩擦力的超高密度聚乙烯制成，形成的间隙与上送料排链连接在一起运行，这样烟尘才会穿过传动带降落到可移除的收集盘中。

图3-3　送料排链

　　刀门在送料排链与刀辊之间，如图 3-4 所示。刀口为过渡区域，由底端切丝床、可移动的上端构件及两个侧壁内衬板条组成。坚硬的切条安装在切丝床上，使用剪切螺钉进行安装并旋紧，可满足正常的切丝任务。当切削硬物时，切削力超过安全螺钉的额定负载，安全螺钉被剪断，下刀门位移，安全开关被释放，切条将不再进行切丝。如果需要更换切条，应先停止机器设备，再进行更换切条。可移动的上端构件与前缘上坚硬的侧壁内衬板条连接在一起。内衬板条形成一个曲面，与切割半径一致，为切丝刀片提供导轨面。

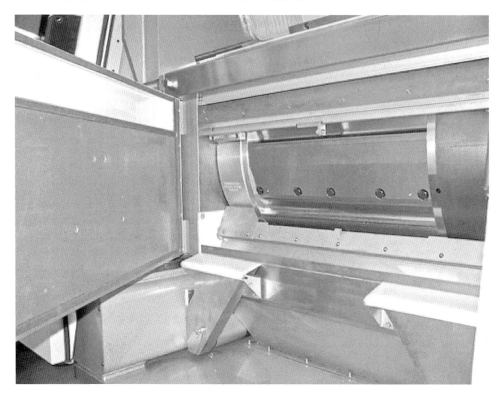

图3-4　刀门

旋转式刀辊部件有锋利的切丝刀片，可以切割经挤压成烟饼的烟叶。刀辊内部的部件及辅助部件都是精确且坚固的，如图3-5所示。刀辊部件上的切丝刀片，有的为5把，有的为10把，切丝刀片的数量取决于所需要完成的任务。每一个标准的切丝刀片组件都安装在管状的中心位置，并与切丝刀片的进刀装置连接在一起。切丝刀片可周期性地向前移动，随后靠研磨头的往复运动保持刀片锋利。切丝刀片的进刀频率可在操作面板上设置。刀辊内部的位置传感器显示可用的切丝时间。如果需要更换切丝刀片，应先停止机器设备，再进行更换切丝刀片。为了减少叶丝橡胶堆积物的影响，加热器与每把切丝刀片连接在一起。

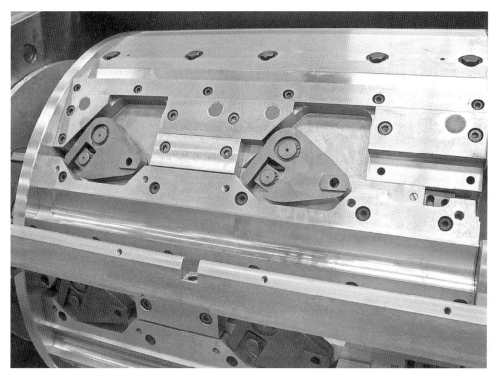

图3-5　刀辊

　　磨刀装置包含一个研磨头，研磨头与砂轮磨刀器及喂料装置连接在一起，喂料机横向穿过刀辊部件，以磨削切丝刀片。砂轮磨刀器间隔性地向下进刀，以减少磨损。砂轮磨刀器的进给量由气动制动器的行程来测定。进刀频率可在操作面板上设置。往复运动的速度与刀辊部件的速度相关联，也可在操作面板上设置。往复装置依靠反用换流器供电感应电机上的无螺纹螺钉进行驱动。接近开关用来检测研磨头往复运动的位置。金刚石修整器连接在一起，用来固定磨刀装置磨削面的位置。每次触发传感器，砂轮磨刀器接触到金刚石修整器，并将信息传输到人机界面（HMI）上。研磨头上的直线型分压计用于测量砂轮磨刀器的寿命。砂轮磨刀器剩余的使用寿命可从操作面板上读取。砂轮磨刀器依靠铰接研磨头将其推到前端位置进行更换。磨刀装置如图 3-6 所示。

图3-6 磨刀装置

除尘装置位于磨刀装置的上方，用于收集摩擦产生的粗砂及金属微粒。通过真空吸尘器将粗砂及金属微粒排出，或排到当地机器设备的独立烟尘收集装置上，或排到集中系统上。

如果叶丝中含有梗签、粗细丝、跑片等，应将梗签、粗细丝、跑片及杂物从生产线上剔除。若叶丝并条较多，颜色明显变深，应先将颜色明显变深的叶丝剔除，然后降级回用。

（2）EVO切丝机。

EVO切丝机为德国虹霓公司SD508切丝机的升级产品。EVO切丝机的额定生产能力为7 040 kg/h，切丝宽度为0.7～1.2 mm，额定切丝宽度为0.9～1.0 mm，切丝含水率为17%～23%。刀门宽度为50 cm，有效刀门工作高度为5～14 cm。该设备按产品要求可在操作界面设置切丝宽度、刀门压力、刀辊转速、进刀速度、磨石送进速度、磨石移动速度和刀辊温度等参数。EVO切丝机如图3-7所示。

烟叶经切丝机的尾部喂入，通过一个倾斜的输送排链向前输送。在下排链的上方还有一个输送排链，其向前倾斜，两个输送面向刀门方向靠拢，进而在烟叶挤出刀门前达到压实的效果。在刀门和上排链的上方有气动施压装置，可将烟叶压实到所需要的切割密度。烟饼按照由上下铜排链运行速度比确定的速度被挤出刀门。旋转刀鼓带动 10 把刀片对被挤出刀门的烟饼进行切丝，切出的叶丝则直接落入刀鼓下方的出料槽。刀片通过自动控制的砂轮机构保持锋利。砂轮碎末和烟草粉尘通过除尘单元从切割区域被抽走。切丝宽度是由压紧带向前运动及与刀鼓旋转速度的关联来确定的，通过可编程逻辑控制器（以下简称"PLC"）来连接它们各自的独立驱动器，以保证所需的速度。切丝宽度可以根据产品标准的要求，在设备配方参数系统内进行设定和修改。

图3-7　EVO切丝机

跟进式喂料机通过喂料仓来控制后续生产所需的物料流量。在跟进式喂料机内，无论烟堆的尾部位于喂料机贮柜长度上的哪个位置，物料都一直向烟堆的尾部喂料。上方的布料小车带有声呐料位检测器，检测器可以感应物料的位置，使布料小车向前或向后运动，便于将物料喂到烟堆的尾部，再布入喂料机。布料小车还可提供编码器，以便持续读取位置，指示喂料机长度方向上的填充料位。喂料仓内累积一定量的烟叶用于匹配入料和出料流量，确保后工序生产物料流量的均衡和稳定。跟进式喂料机如图 3-8 所示。

图3-8　跟进式喂料机

倾斜式输送机基座设计有可拆除的侧面板及一个由不锈钢板制成的顶盖，可提供访问输送机内部的途径。为了安全防护和收集粉尘，倾斜式输送机机架下方由碳钢面板拴接，且完全封闭，末端有圆形的不锈钢接灰盘，接灰盘沿着提升钉返回辊的轨迹方向放置。倾斜式输送机由辊子驱动且呈"S"形。"S"形是由倾斜式输送机两侧边空转辊在凹下膝部且凸起膝部的横跨空转辊所形成的。皮带的返回面依靠纵向的 PE 型材来支撑。头辊、尾辊和"S"形横跨空转辊都由碳钢制成，且表面有特殊的沟槽，便于提升耙钉能顺利通过。输送带为开环配置，由聚乙烯材料制作，带有拴接于输送带的提升耙钉（顶部圆角），不提供侧边密封。聚乙烯旋转抄板式刮板由输送机头辊通过链条传动，可对输送带上附着的灰尘进行清洁。输送机驱动通过变频器控制安装在头轴和尾轴上的双齿轮电机驱动，实现自动电子轴同步。出料斗由不锈钢板制成，前端装有检修门（由安全锁锁定）。旋转拨辊中拨钉式拨辊由不锈钢制成，所有耙钉的顶部都是圆的。拨辊距离输送带的高度通过螺丝来调节。旋转拨辊由安装在拨辊轴端的独立齿轮电机驱动（带有滴油盘）。倾斜式输送机如图 3-9 所示。

图3-9　倾斜式输送机

皮带秤和计量管生成稳定的物料流，并为下游设备提供输出控制信号。皮带秤的速度可自动调整，方便从计量管中获取所需的物料流量。计量管设置4个光电管，分别定义不同的料位高度信号，可以控制进料设备的速度。光电管用于防止堵料。皮带秤和计量管如图3-10所示。

图3-10　皮带秤和计量管

　　金属探测器用于检测物料中含有的金属物质，然后发动剔除装置，在剔除口将含有金属物质的物料剔除，保护切丝机不受影响。金属探测器如图 3-11 所示。

图3-11　金属探测器

振动输送机安装双层筛网，且中间设置一个滑动门，方便选择需要喂料的切丝机。双层筛网分为上筛网和下筛网，如图3-12所示。上筛网将直径为1～4 mm的小片烟叶进行筛分，通过输送带将小片烟叶送到切丝机出料振槽上（不通过切丝机）。下筛网将直径小于1 mm的"粉末"进行筛分并剔除。在两台切丝机的喂料点设置特殊的分布板（手动调节），可改善产品在后续的切丝机喂料振动输送机的横向分布。

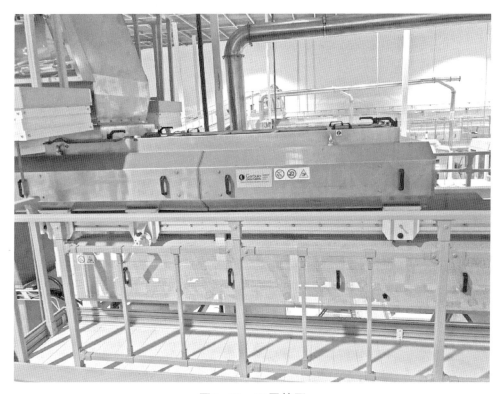

图3-12 双层筛网

送料排链是由锰铜链板条通过光滑的不锈钢固定铰链连接而成的。将带板条的外形和带动带子的齿辊设计成能保持输送带与刀门的正确间隙，而不受滑动摩擦造成磨损的影响。下排链通过磷青铜辊驱动，由纯不锈钢辊张紧。下排链由输送面下方的超高密度聚乙烯板支撑，此支撑板安装在一个金属座上。上排链由两个磷青铜制成的辊子支撑。上排链的整合组件与刀门的上部均由两对平行连接杆支撑，其运动形成一个与切丝刀辊半径相同的弧，可确保刀片与刀门部件的间隙稳定不变，且与刀门的位置无关。

刀门由不锈钢部件加工而成，并与一条切丝条结合在一起。切丝条用螺丝拧紧，如果承受较大的力时切丝条将被切断和释放。单动作的空气弹簧安装在刀门的不锈钢顶部部件上，以提供所需的刀门压力。刀门底部的固定部件也是由不锈钢构造而成。在运行过程中，刀门的高度被显示在 HMI 上。

刀辊体支撑在钢耳轴上，并装配 10 把刀片，每把刀片由压刀板支撑，可以自动向外喂送，喂送的移动由星形齿轮连接的步进电机来执行。每个刀片站配有一台电机。在刀辊上有一组步进电机控制器，步进电机控制器不仅负责处理步进电机的驱动信号，还负责与刀片位置通信。数据和电源的传送是通过无线连接来实现的。刀辊的日常维护主要通过拆除刀片、压刀板和顶板进行清理。如果需要全面维修，可以断开电线插头，拆出步进电机、星形齿轮和丝杠，再进行全面维修。刀辊中设置温控加热器，主要用于需要加热的地方。

磨刀装置安装在刀鼓的上方，由一个支承在行走装置上的砂轮组成，行走装置则在球形滑轨上、在横越刀鼓的宽度上往复移动。砂轮往复移动及砂轮定位机构都在一个密封且有轻微压力的腔体内进行，可阻止粉尘进入。磨刀装置的速度主要通过齿轮电机和变频器来改变。磨刀装置接近传感器时被砂轮架的运动激活，开始往复运动，磨削的频率由 HMI 上的输入设定值通过 PLC 控制。砂轮直接安装在一个由变频控制的电机轴上，电机支承在一个可以使它垂直向刀辊移近或移开的轴臂上。由一个位置控制带有编码器的齿轮电机，齿轮电机驱动一个滚珠丝杠，从而实现垂直运动的定位。该电机具有制动作用，防止在磨削过程中出现未经命令的运动。随着砂轮的逐渐消耗，电机的直径逐渐变小，且电机速度自动受控，从而保证了正确的圆周速度。磨刀装置提供了一对非接触式接近开关，用于防止运行超过磨刀的范围。两个滚珠丝杠被柔软的胶囊封闭在内。在胶囊内有轻微的压力，可以阻止粉尘进入。

随着砂轮机接近其行程的一端，砂轮被自动进给，在反转运行方向后，经过一个固定的金刚石修整器，这是为了保持砂轮与刀片之间的正确关系。在金刚石修整器上添加一个加速计，用于检测砂轮与金刚石之间的接触程度。金刚石修整器固定在一个铝块上，由数个人工合成的金刚石杆组成，如图 3-13 所示。金刚石杆不断被磨损，可通过对照机内的参考规则对金刚石杆重新定位。控制系统可保证金刚石与切刀一直处于接触状态。

图3-13 金刚石修整器

主驱动电机安装在刀鼓的上方，通过一根齿型计时带将动力传送到刀鼓。电机由变频控制且含有一个编码器，用于速度控制的反馈。上下排链都是通过法兰安装的星形齿轮单元独立驱动，各自带有速度反馈。驱动速度的设定值由 PLC 软件产生，以提供满足切丝宽度的正确排链速度与刀辊速度。

所有的驱动器都封闭在防护装置内。通过盖子和防护装置将刀辊和磨刀装置进行完整的防护。一套安全联锁可确保在驱动装置完全停止之前无法打开防护装置。

所有的电机和电气装备都安装在一个电柜内，其他电柜则安装 PLC 和气动元器件。在刀辊驱动停止前，刀辊防护通过安全装置阻止刀辊驱动进入，而其他防护则通过安全开关进行控制。控制设备工作电压为 24V 直流电。PLC 是西门子 Step 7 CPU 315-2 PN/DP，通过以太网与高层控制系统的现场总线控制系统进行通信。

机器的操作是通过西门子 TP1500 触摸 HMI 的功能件来实现的。HMI 包括刀鼓速度、刀门工作高度、刀门负荷、刀片剩余寿命、磨刀石剩余寿命、设备状态、电机电流、电机状态（警报）、运行时间、配方信息、设定点和喂料设置等。

通过显示屏下方专门的按钮实现对所有画面的浏览。操作人员可以通过按钮访问所有与控制和监控功能相关的画面。HMI 由不同的界面组成，主要包括通用机器信息、报警、报警历史信息、配方开发、输入诊断和输出诊断等界面。

总视图可显示配方号码、配方名称、刀辊转速、刀辊电机电流、刀辊温度、砂轮寿命百分比、砂轮寿命小时、砂轮与金刚石的接触量、进料烟草高度、刀门高度、上排链压力百分比、切丝宽度、流量、机器运行小时、保养日程等。

一个声呐接近传感器会连续不断地测量前方的低料位喂料装置，并控制物料的进给，以达到所需的设置高度。在适宜的时候，切丝机压实排链会自动停止，保证料位高度的稳定。同时，有一个附加的光电接近开关，用于防止料位过高。

在配方菜单内可以快速地优化机器来加工宽泛种类的物料。配方菜单包括切丝宽度、刀片和砂轮进给频率及刀门压力的参数。通过上传某个特定的配方，机器将按以上参数进行重新配置。

配方参数表由配方号码、配方名称、额定刀鼓速度、切丝宽度、刀片进给频率、砂轮进给量、砂轮进给频率、刀门压力、压实比、烟饼密度和额定刀门高度等参数组成。

（3）其他型号的切丝机。

SQ3 系列切丝机为昆明烟机集团二机有限公司生产，如图 3-14 所示。该设备是在引进德国 KTC45/80 切丝机制造技术的基础上设计开发的切丝设备。该设备有 8 把刀辊，刀辊转动与排链通过电机速比来调整，切丝宽度为 0.1～3.0 mm，实现分段无级调整。切刀的进给为断续进给，进给量可无级调节，以便根据刀片和物料性状合理地选择进刀量。切刀进给机构采用空间曲柄连杆行星轮系结构，切刀的进给速度（次数）与刀辊转速成正比，刀片使用合理。磨刀装置往复运动由刀辊主轴传递，其往复速度与刀辊转速成正比，工作速度合理，结构简单，可以提高运动的可靠性。

图3-14 SQ3系列切丝机

TOPSPIN 切丝机为德国虹霓公司生产的新型径向切丝机，与 SD5 切丝机和昆明烟机集团二机有限公司生产的切丝机切丝方式有明显的差异。该设备的主要特点是径向切丝，可以显著降低原料损耗。刀门与刀口的间隙恒定。在刀片旋转一周的过程中，磨刀装置可以沿整个刀片宽度对所有刀片进行修磨。该设备的缺点是维护费用较高，且设备内部容易积灰，不易清洁。TOPSPIN 切丝机如图 3-15 所示。

图3-15 TOPSPIN切丝机

3.2.2　叶丝增温、增湿设备

（1）膨胀单元。

膨胀单元（简称"SIROX"）为德国虹霓公司生产的叶丝增温、增湿机。该设备生产能力为 6 800 kg/h。膨胀单元的外观如图 3-16 所示。膨胀单元的结构如图 3-17 所示。

图3-16　膨胀单元的外观

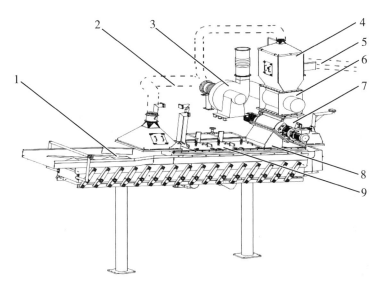

1—槽盖板；2—废气管道；3—废气引风机；4—落料槽；5—振槽式输送机进料口；
6—输料气锁；7—气流旋风分离器；8—出料槽；9—振槽式输送机出料口。

图3-17 膨胀单元的结构

叶丝经落料槽和叶轮闸门到达气流旋风分离器。气流旋风分离器的轴是空心的，轴上有螺纹孔，在螺纹内拧入空心销，空心销的圆柱形周边和端面上带有直径为1.3 mm的孔。通过回转接头将200～800 kPa的饱和蒸汽输入空心轴，蒸汽从孔中流出，落在叶丝上，从而使叶丝膨胀和湿润。气流旋风分离器将叶丝输送至有槽盖板的振槽式输送机出料口。

该设备可增加叶丝含水率3%～5%，出料平均含水率为22%～25%，蒸汽施加量可根据产品需要进行设置，出料叶丝的温度由蒸汽施加量来决定。该设备可设置一定的出口温度，系统可自动调节蒸汽施加量。该设备自带清洁系统，通过喷射自来水对设备进行清洁处理。该设备具有独立的控制器，可显示叶丝流量、入口叶丝含水率、蒸汽施加流量、出口叶丝温度等参数。每个生产牌号具有一个配方，可设置牌号、蒸汽流量、温度等参数。

该设备的振槽式输送机向输料气锁均匀地输送叶丝。落料槽作为振槽式输送机与输料气锁之间的传送元件，可防止操作人员把手伸入输料气锁内。落料槽的背面有1个检修口。落料槽上有3个清洗喷嘴，用于清洁落料槽和输送气锁。输料气锁位于落料槽的下方，用于密封气流旋风分离器，使其与落料槽隔绝。输料气锁的外壳和叶轮均采用铬镍钢板制成。为了密封叶轮至外壳的室壁，输料气锁上装有可调节的不锈钢防磨板。叶轮由减速电机驱动，轴承和轴密封，且持续得到密封空气供给，避免脏污的同时还可以进行冷却。输料气锁如图 3-18 所示。

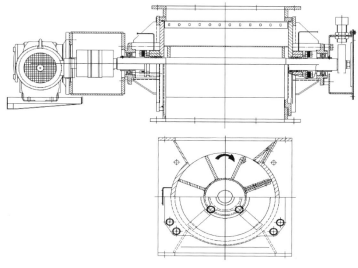

图3-18　输料气锁

气流旋风分离器的作用是利用饱和蒸汽使叶丝均匀膨胀和回潮。气流旋风分离器由一个绝缘金属外壳和可旋转空心耙组成。蒸汽和清洁用水的输入须通过可旋转空心耙圆柱销上的孔。外壳上有一个检查盖板，盖板被机械锁定，以防发生意外。气流旋风分离器如图 3-19 所示。

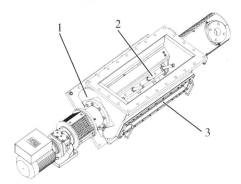

1—气流旋风分离器；2—可旋转空心耙；3—盖板。
图3-19　气流旋风分离器

该设备的出料槽将叶丝从气流旋风分离器输送至振槽式输送机出料口。振槽式输送机出料口处的槽盖板使槽内环境与周围环境隔绝。槽盖板上面有 3 个检修口和 3 个清洗喷嘴。检修口均被机械锁定。清洗喷嘴用于清洗出料槽有盖板的部分。槽盖板的前端和后端还装有抽吸罩，用于抽吸生产的废气。振槽式输送机出料口主要将叶丝均匀地运出。

该设备的废气管道将落料槽及振槽式输送机出料口上方的两个抽吸罩和废气引风机相连接，用于输送多余的废气。废气引风机通过废气管道将废气排到大气中。

该设备的运行主要包括预热、待机运行、生产、冷却、关机和清洁等阶段。设备在运行前须先预热，防止启动时筒内形成凝结水，导致叶丝水分含量过高。预热运行时间持续 5 min 左右。然后启动输料气锁、气流旋风分离器和废气排放驱动装置，再输入蒸汽，蒸汽量和气流旋风分离器的转速应低于生产运行阶段的蒸汽量和转速。设备在待机运行阶段，振槽式输送机被启动，允许带叶丝运行。若设备的所有驱动装置均已运行且振槽式输送机上的光传感器在一段时间后识别到叶丝，设备则切换至生产运行阶段。在生产运行阶段，叶丝被连续地输送，且通过处理区时，使用蒸汽喷雾进行处理，蒸汽量和气流旋风分离器的转速被调节至配方值。若振槽式输送机上的光传感器无法识别叶丝，设备则在延时运转后转到待机运行阶段。

该设备在生产结束后或发生故障时，则进入冷却阶段。振槽式输送机停止运行，蒸汽输入被中断，其他驱动装置仍然保持接通状态。大约 5 min 后设备进入关机状态。在关机阶段，所有的驱动装置均处于中断状态。

一旦设备处于关机状态，即可启动清洁程序。每天清洗过程持续 10 min 左右，在生产结束之后必须执行一次清洁程序。建议每天或每次更换配方之后执行一次清洁程序。必要时，应先手动预清洁落料槽，然后再启动清洁程序。自动清洁时，应借助气动截止阀为气流旋风分离器、落料槽和振槽式输送机的槽盖板接通清洁用水。气流旋风分离器内的蒸汽或水通过回转接头和空心轴流向空心耙，再从空心耙上直径为 1.3 mm 的喷射孔喷出。清洁用水通过出料槽或振槽式输送机的出料口导入排水装置。每月应检查气流旋风分离器内部是否出现脏污，必要时应进行清洁。每月还需要检查空心把上的喷射孔是否通畅，必要时可用铁丝清理堵塞的喷射孔，再拆下来清洁。

（2）滚筒式叶丝回潮机。

滚筒式叶丝回潮机（简称"RCC"）由智思控股集团有限公司生产，设备型号为WQ337，生产能力为3 000 kg/h。切后的叶丝由振动输送机送入该设备的筒体内，叶丝依靠自重及筒体3.5°倾角，随着筒体旋转，并向出料端移动。自来水通过控制管路，在蒸汽的引射下喷射入筒体内的叶丝上，完成叶丝的增温、增湿处理。出料端叶丝的含水率一般为22%～24%，叶丝温度可控制在60～80 ℃。

该设备主要由机架、滚筒、进料罩、出料罩、热风风道、排潮风道、主传动装置、清扫装置、出料支架、检修装置、管路控制系统和电气系统等组成。

滚筒由不锈钢板卷成圆筒再焊接而成，主要包括筒体、密封圈、耙钉、前支撑圈和后支撑圈。筒体长约5.5 m，筒体直径为1.4 m，内壁焊有耙钉，方便叶丝松散。滚筒由主传动电机通过链轮、链条及齿轮传动驱动，电机由变频器控制，使滚筒转速在8～15 r/min范围内进行调节。

进料罩包括进料面板、进料罩架、观察门、水汽混合喷嘴、清洗水进口。进料面板由不锈钢板制成，正面中间部位为进料口，进料振槽由进料口将叶丝输送进筒体内。为防止灰尘和叶丝外溢，在进料口有PE板围成的帘布。进料面板上分布有引射蒸汽孔、清洗水孔。进料口上方开口为热循环风入口。进料罩架底面与机架连接在一起，正面与进料面板连接。在进料罩架两侧各有一个观察门，从观察门可以观察支撑轮和挡轮的运转情况。取下观察门，可给支撑轮轴承注入油。在进料罩架后面装有后盖板，把支撑轮和挡轮罩在里面，起到防护作用，可减少灰尘的堆积。水汽混合喷嘴对筒体内的叶丝进行加湿。

出料罩由不锈钢制成，正面有一个维护门，打开维护门可以进入筒体内部进行清理。在维护门开门处装有一个接近开关，该开关起安全、保护作用，只有在维护门完全关闭后，才可以启动主驱动减速机。出料罩安装转风喷吹装置，与外排潮风道相连，可进行系统内排潮。转网内部安装压缩空气喷管，可对转网进行喷吹，以防转网堵塞。

热风风道主要有风机、调节风道、加热器、双金属温度计、温度传感器、风道、补充蒸汽口、风阀执行器等，如图3-20所示。风机、加热器安装在机架下方，加热器以蒸汽为介质，加热后的热风通过风道从进料端进入筒内。风机速度变频可调，调整风道中的风量及风压，进而调整热风温度。风阀执行器安装在调节风道上，可自动调节风门大小，从室内抽取冷风以调整风道中的热风温度。双金属温度计用于观察回风温度。温度传感器用来调整热风温度。风道上装有清扫门，可查看风道内是否积存物料，如有物料，可将物料从清扫门清除。

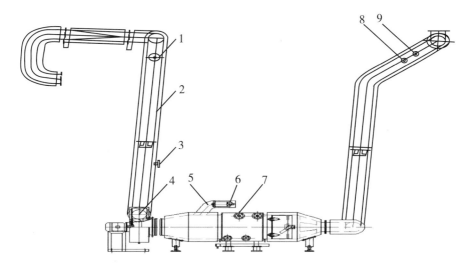

1—补充蒸汽口；2—风道；3、9—温度传感器；4—风机；
5—调节风道；6—风阀执行器；7—加热器；8—双金属温度计。
图3-20 热风风道

排潮风道主要包括风管、排潮罩、风门、三通管、风阀执行器等，如图3-21所示。

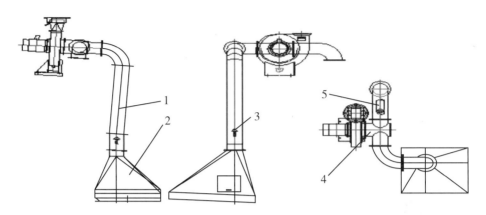

1—风管；2—排潮罩；3—风门；4—三通管；5—风阀执行器。

图3-21　排潮风道

若该设备停机时间（或可预见停机时间）＜ 15 min，应将叶丝回潮筒出口的安全门打开，并进行降温处理；若该设备停机时间（或可预见停机时间）≥ 15 min，应将叶丝回潮筒内的叶丝接出，并进行降温处理，待恢复生产后，将降温后的叶丝在回潮筒出口处回掺同批次叶丝中。

（3）隧道式叶丝回潮机。

隧道式叶丝回潮机是制丝生产线上的增温、增湿设备，目的是增加物料的温度和含水率，使物料进一步增温回潮，为后续工序提供良好的工艺条件。隧道式叶丝回潮机的用途非常广泛，可以处理烟叶、叶丝、烟梗和梗丝。隧道式叶丝回潮机主要由上盖部件、振动体、流化床、驱动装置、管路控制系统、上支架、下支架、进料端抽汽罩、出料端抽汽罩和排潮管道等部件组成，如图 3-22 所示。

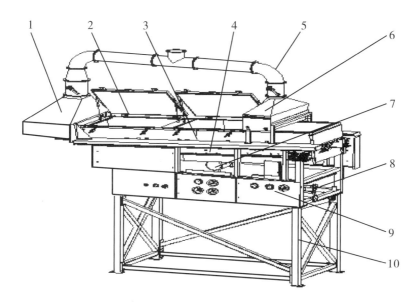

1—出料端抽汽罩；2—上盖部件；3—流化床；4—振动体；5—排潮管道；
6—进料端抽汽罩；7—驱动装置；8—管路控制系统；9—上支架；10—下支架。

图3-22　隧道式叶丝回潮机的结构

隧道式叶丝回潮机的流化床在偏心轮驱动装置的驱动下，产生低幅高频振动，从而向前输送物料。同时，蒸汽从流化床底板上的小孔中喷出，使叶丝形成沸腾层。叶丝在蒸汽射流和振动颠簸的作用下向前输送，并与蒸汽充分接触，水分子可快速渗透到叶丝组织内部，同时将蒸汽热量传给叶丝，叶丝的温度和湿度迅速增加。由于高温蒸汽的连续喷入，叶丝在隧道内输送的过程中，内部水分子增加，同时温度逐渐升高。

该设备的振动体与流化床组成振动输送槽。振动输送槽上的中间机架通过4组隔振弹簧分别支撑在4个支架上。

该设备的上盖部件与流化床铰链连接，锁紧装置使上盖板能够快速锁紧和打开。打开上盖板后采用气弹簧支承，便于检查、清洗和维修流化床。上盖部件与流化床接触面之间有密封胶条，张紧螺母可以调整上盖板的压紧度。上盖板如图3-23所示。

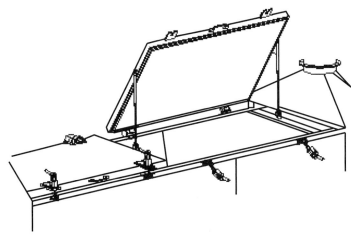

图3-23 上盖板

流化床的底板采用双层钢板焊接，上层钢板带有喷射蒸汽的小孔，下层钢板设有进蒸汽管和疏水管。叶丝处理区的进料端与出料端均设有挡帘，进料端处还设有清洗水喷管。流化床的底板和侧壁采用保温材料，主要起保温作用。流化床部件如图3-24所示。

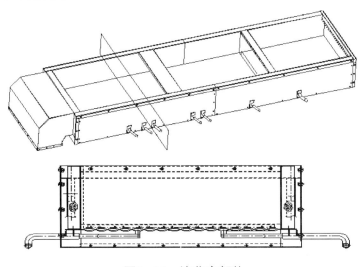

图3-24 流化床部件

在设备的抽汽罩中，每个排潮点的管道上均设有调节风门，用于调节排潮风量。进料端和出料端的抽汽罩底部设有冷凝水接槽，冷凝水可由排水管排出。抽汽罩如图3-25所示。

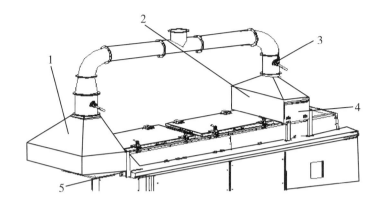

1—出料端抽汽罩；2—进料端抽汽罩；3—调节风门；4—观察门；5—排水管。

图3-25 抽汽罩

3.2.3 叶丝干燥设备

（1）KLD 两段式烘丝机。

KLD 两段式烘丝机为德国虹霓公司生产的两段式叶丝干燥设备，设备型号为 KLD-2-2Z，如图 3-26 所示。该设备生产能力有 4 800 kg/h 和 6 400 kg/h 两种。

图3-26 KLD-2-2Z 叶丝干燥机

一定含水率和温度的叶丝经过振动输送机旋转，滚筒向下倾斜（滚筒倾角3°），叶丝在滚筒体内翻滚，并与设定温度的筒壁、循环热风接触，系统自动调节，对叶丝进行轻柔和快速干燥。该设备可去除叶丝中的部分水分，提高叶丝的填充能力和耐加工性，满足后工序的加工要求。入口叶丝含水率为24%～26%，温度为80～85℃，冷却后叶丝流量为4 800 kg/h或6 800 kg/h，干燥后叶丝含水率为12.0%～13.5%，温度为65～80℃。

该设备主要由入口罩、热风管道、滚筒体、卸出罩、筛分滚筒箱、设备安装模块、蒸汽加热叶片、分配器、旋转接头等组成，如图3-27所示。该设备的主要控制系统有蒸汽压力自动控制系统、热风系统、排潮系统和滚筒转速系统等。

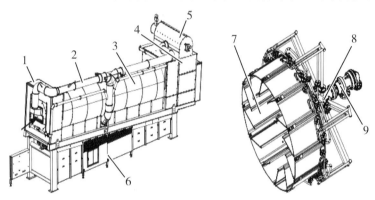

1—入口罩；2—热风管道；3—滚筒体；4—卸出罩；5—筛分滚筒箱；
6—设备安装模块；7—蒸汽加热叶片；8—分配器；9—旋转接头。

图3-27　KLD-2-2Z 叶丝干燥机的结构

入口罩安装在滚筒的入口侧，叶丝通过振槽式输送机经入口罩板中的开孔进入滚筒干燥机。卸出罩安装在卸料侧方。烘干后的叶丝经过卸出罩被输送到下游设备。

滚筒体由蒸汽加热叶片、分配器、旋转接头和筛分滚筒箱组成。滚筒体及所有与叶丝接触的元件都由铬镍钢制成，滚筒体向外是绝热的。蒸汽加热叶片通过旋转接头和分配器，使蒸汽流向蒸汽加热叶片的通道内，继而流向加热区。蒸汽在蒸汽加热叶片中凝结，产生凝结水，凝结水通过蒸汽加热叶片中的回流通道经过分配器和旋转接头又从干燥机中流出。滚筒体内壁有20块桨板，蒸汽作用于桨板和滚筒内壁，使温度符合烘丝的要求。滚筒体的温度主要通过控制蒸汽压力来实现。滚筒速度是根据特定的操作阶段和等待时间来控制的，在此过程中变频器以预热、生产和尾料的不同模式，控制不同的滚筒速度。

旋转接头将不转动的蒸汽管道、凝结水管道与转动的分配器连接起来。蒸汽通过旋转接头到达分配器臂并被引至加热区，凝结水通过分配器和旋转接头被排出。

为了均匀地烘干叶丝，减小叶丝出料含水率的标准偏差，热风温度及速度可自动调节。热风温度通过空气加热器的蒸汽压力来调节，热风速度根据流量计算，并通过受驱动的风门将其调节到 PLC，通过计算得出数值。热风可采用顺流运行方式或逆流运行方式。顺流运行方式即热风沿叶丝流方向流动，逆流运行方式即热风沿叶丝流反方向流动。热风通过对流方式将热量传递给叶丝并带走水分。二次风借助节流阀调节二次空气量，同时二次风干燥正在转动的筛分滚筒，并防止排潮管道中形成凝结水。借助废气引风机将废气经筛分滚筒排出，或通过中央吸尘装置排出。借助排潮管道中的风门调节废气流量，从而调节卸出罩内的压力。叶丝含水率的控制主要通过设定一定的热风温度和风速（与叶丝感官质量关系密切），通过烘丝前叶丝流量、叶丝含水率和烘丝后叶丝含水率计算适宜的筒壁温度，并对其进行持续地调整和修正。叶丝水分的控制有两种模式：一是保持工艺气体温度不变，通过控制筒壁温度对叶丝水分进行控制；二是保持筒壁温度不变，通过控制工艺气体速度来控制叶丝含水率。

筒壁温度通过调节蒸汽加热叶片和滚筒壁的蒸汽压力来实现。烘丝机筒体分为两个加热区。每个加热区有各自的蒸汽压力调节回路，蒸汽压力调节装置的调节参数按比例分配到两个加热区。筒壁温度可同步控制，也可单独控制，主要取决于产品质量控制要求。KLD 两段式烘丝机的正常运行模式是以相同的方式对两个加热区进行调节。

为实现烘丝机的流量控制，需要从烘丝的计量型电子皮带秤处获得一个流量信号。为获得一个良好的控制质量，电子皮带秤的精度应为 ±0.5%。

该设备的生产线概览界面主要包括叶丝信号，当前运行状态，设备部件图标（白色图标表示所有驱动装置均关闭，蓝色图标表示待机，绿色图标表示运行，红色图标表示故障，黑色图标表示连接故障、无信号），进料和出料驱动显示（白色表示已关闭，绿色表示已接通，红色表示故障），额定值，实际值，总量和调整量（蓝色表示额定值 SP、绿色表示实际值 PV、黄色表示调整值 CV），当前及后续混合配比编号（上行为配方编号，下行为批次编号），控制面板，等等。生产线概览图显示入口叶丝水分、叶丝流量、筒壁温度、热风温度、热风风速、出口叶丝温度、出口叶丝水分等各个参数的设定值和实时值。界面上还有参数配方、组合启动、参数 PID、曲线控制等设置。通过在生产线概览图点击"控制面板"按键，可显示控制面板窗口。

该设备应进行定期保养和维护。每天用吸尘器将设备内的所有剩余材料吸除，确保设备能正常运行，保证产品质量，同时预防火灾的发生；检查回转接头蒸汽入口和凝结水出口处的加固型螺旋软管是否密封；检查空气加热器的滤网，必要时对滤网进行清洁。每周检查工作轮的滚动面和座圈是否脏污，必要时对滚动面和座圈进行清洁；检查滚筒、工作轮和压紧轮的运转情况，必要时重新调整；检查蒸汽分配器上是否有水膜；检查凝结水泵是否泄露；检查入口罩、卸出罩的滚筒密封圈是否密封完好。每月检查减速器的油位；检查电气连接和导线，导线损坏和连接松动须由专业电工修理；检查蒸汽管和凝结水管的法兰连接处是否密封；检查所有加固型螺旋软管的状态是否完好；检查入口处密封毛刷的状态；检测凝结水收集罐的排气管是否畅通；检查筛分滚筒的轴承；检查蒸汽加热叶片的紧固螺栓是否齐全。每半年检查蒸汽输送阀门的密封情况，启动蒸汽输送阀门，蒸汽与凝结水之间的温度差变大时，需要重新拧紧回转的填料函螺母。每年检查电机和滚筒驱动电机制动器的状态；使用润滑脂油嘴对轴承进行再次润滑；检查位于蒸汽加热叶片与支撑杆之间的密封板是否磨损，必要时进行更换。

该设备存在质量问题时，应采取以下处理方法。若出现干头叶丝、干尾叶丝，叶丝含水率 ≤ 8%，应将干头叶丝从生产线上接出，放置在有温湿度控制的环境中，待符合出口含水率后，再回掺本批次叶丝中；干尾叶丝无须接出，可直接跟批进入下一个环节。若烘丝过程出现干叶丝，干叶丝重量 > 该批投料量的3%，应将一类、二类、三类烟的干叶丝接出，再直接回掺或降级回掺本批次叶丝中；将四类、五类烟的干叶丝接出，在叶丝回潮前再回掺本批次叶丝中。若烘丝过程出现湿叶丝（含水率 ≥ 14%，非水渍烟），湿叶丝重量 ≤ 该批投料量的3%，或湿叶丝重量 > 该批投料量的3%，均应将一类、二类烟的湿叶丝接出，再降级回掺；将三类、四类、五类烟的湿叶丝接出，在叶丝回潮前掺入本批次叶丝中。

热风温度指标超出实际控制值允差上下限，10 min ≤ 超出时间 ≤ 20 min，应及时调整设备，跟踪该批叶丝的质量；若超出时间 > 20 min，也应及时调整设备，并对该批叶丝进行隔离、标识。设备停机时间（或可预见停机时间）≥ 10 min，对接出筒内的叶丝进行降温，待恢复生产后，将含水率合格的叶丝在滚筒出口处回掺同批次叶丝中；含水率不合格的叶丝参照干（湿）叶丝控制方法处理。若工作蒸汽压力不足，蒸汽时间 ≥ 8 min，应停止叶丝进料，筒内叶丝利用筒体余热继续烘丝，直至全部排出；将干叶丝或湿叶丝从生产线上接出，参照干（湿）叶丝控制方法处理。

（2）HDT 气流式烘丝机。

HDT 气流式烘丝机由德国虹霓公司生产，如图 3-28 所示，可采用燃油和天然气两种方式。该设备的生产能力有 3 000 kg/h、4 800 kg/h 和 6 000 kg/h 3 种。该设备主要包括吸潮罩、卸料气锁、废气管道、旋风分离器、叶丝输入单元、热风回流管道、废气引风机、热风机、排烟道、热风加热器、加速弯弧、加料槽、加料气锁、风选器、热风管道、配电柜和叶丝输出单元等，如图 3-29 所示。

图3-28　HDT气流式烘丝机

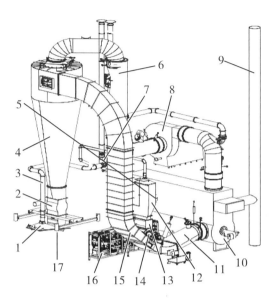

1—吸潮罩；2—卸料气锁；3—废气管道；4—旋风分离器；5—叶丝输入单元；6—热风回流
管道；7—废气引风机；8—热风机；9—排烟道；10—热风加热器；11—加速弯弧；12—加料槽；
13—加料气锁；14—风选器；15—热风管道；16—配电柜；17—叶丝输出单元。

图3-29　HDT气流式烘丝机的结构

　　经过处理的叶丝通过振槽进入叶丝输入单元，在风选器内输送饱和蒸汽，使
叶丝膨胀并均匀地输送至加料气锁。叶丝经过加速弯弧在风管内与一定流量、温
度的热风接触（时间约 10 s），随后进入旋风分离器。叶丝在离心力的作用下与热
风分离，通过卸料气锁排出，完成部分叶丝水分去除，提高叶丝填充能力和耐加
工性，满足后工序加工要求。

　　叶丝输入单元主要将叶丝均匀地输送至加料气锁。加料槽是振槽式输送机和
加料气锁之间的传递元件，可防止操作人员把手伸进加料气锁。加料气锁在加料
槽的下方，是干燥机与外部环境隔离的密封件。加料槽有一个侧门，用于观察设
备内壁和清洁情况，侧门有一个安全开关。加料槽上安装有清洗喷嘴，用于清洁
加料槽和加料气锁。此外，加料槽还配置一个节流阀和一个可拆式筛网，节流阀
用于抽吸从加料气锁中逸出的废气，可拆式筛网用于阻止轻型叶丝被吸入废气管
道中。加料槽如图 3-30 所示。

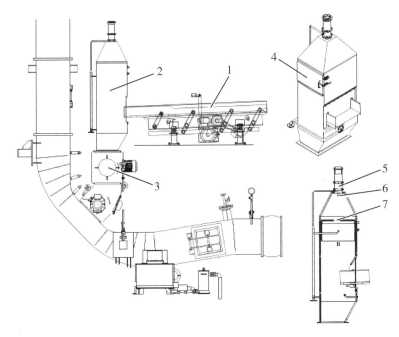

1—振槽式输送机；2—加料槽；3—加料气锁；4—加料槽侧门；
5—节流阀；6—清洗喷嘴；7—可拆式筛网。

图3-30　加料槽

　　旋风分离器的作用是借助饱和蒸汽使叶丝膨胀，并均匀地将其输送至加速弯弧。旋风分离器由一个隔热的铬镍钢外壳和可旋转空心耙组成，生产所需的蒸汽及清洁用水通过空心耙的圆柱销上的孔进入。外壳的纵向有一块检修盖板，已被拧紧。蒸汽通过回转接头由可旋转空心耙进入空心耙。在清洁风选器的加料气锁时，风选器中导入的是水而不是蒸汽，利用水对风选器进行彻底的清洁。旋风分离器如图3-31所示。

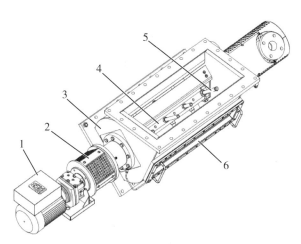

1—减速电机；2—联轴器；3—铬镍钢外壳；4—可旋转空心耙；5—空心耙；6—检修盖板。

图3-31　旋风分离器

　　加速弯弧是一个特殊造型的弯管，带有连接风选器、管道干燥段的连接法兰以及通向热风加热的弯管。加速弯弧安装有一块需要手动操作的封闭闸板，用于排出清洁水。工作中产生的冷凝水通过虹吸管吸出，可利用收集箱进行收集。加速弯弧上还设有检修门，以便开展清洁、检修工作。在检修门的上方安装热风压力测量器。叶丝在加速弯弧内与高速、高温的工艺热风接触，完成叶丝的干燥定型任务。加速弯弧如图 3-32 所示。

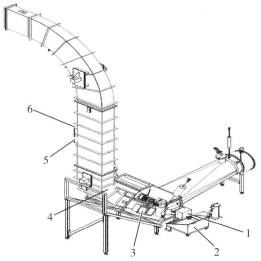

1—封闭闸板；2—收集箱；3、5—检修门；4—加速弯弧；6—热风压力测量器。

图3-32　加速弯弧

旋风分离器由隔热气缸、锥形件、全锥形喷嘴和检修门组成，如图3-33所示。干燥后的叶丝由于离心力的作用被径向甩到旋风分离器的外壁上。由于叶丝运动方向与回风系统气流和排潮气流方向相反，其在重力作用下向下运动，实现与热风和排潮气体分离。旋风分离器有一个检修门，用于检修设备，上方可用水对多个全锥形喷嘴进行清洗。

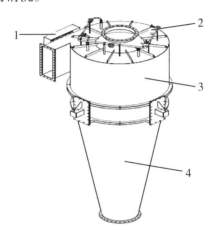

1—检修门；2—全锥形喷嘴；3—隔热气缸；4—锥形件。

图3-33　旋风分离器

热风加热器由带气体管道配件的喷射式燃烧器、燃烧室和热交换器组成，具有隔热功能，外层有网纹铝板包裹。排气装置由带隔热间隙的双层不锈钢钢管组成。在标准情况下，使用天然气、液化气、轻油作为加热燃料。风选器可施加定量的饱和蒸汽使叶丝膨胀，同时蒸汽可打散结团的叶丝。

热风是由热风风机驱动在干燥机内循环，并完成对叶丝的干燥与输送。热风风机首先将热风输送至热风加热器，热风被加热后，在加速弯弧处遇到叶丝，高温的热风（150～300 ℃）将叶丝烘干，热风温度可以根据出料叶丝的水分要求进行相应的调节。烘干的叶丝通过旋风分离器离开烘丝机。带有剩余水蒸气的空气被排出或通过回流管道重新返回热风风机，再循环使用。热风回路如图3-34所示。为了防止发生火灾，在热风回流管道内对空气压力进行测量，并通过清洁气体阀调节，从而使氧气含量保持恒定。

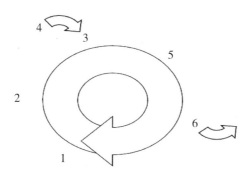

1—热风风机；2—热风加热器；3—加速弯弧；4—叶丝；5—风管；6—旋风分离器。

图3-34　热风回路

该设备存在质量问题时，应采取以下处理方法。若出现干头叶丝、干尾叶丝，叶丝含水率≤8%，应将干头叶丝从生产线上接出，待出口含水率达到标准后，再回掺本批次叶丝中；干尾叶丝无须接出，可直接跟批进入下一个环节。若干燥过程出现干叶丝，干叶丝重量＞该批投料量的3%，应将一类、二类烟的干叶丝接出，并降级回掺，将三类、四类、五类烟的干叶丝接出，在叶丝回潮前掺入同批次中。若干燥过程出现湿叶丝（含水率≥14%，非水渍烟），湿叶丝重量≤该批投料量的3%，应将一类、二类烟的湿叶丝接出，再降级回掺，将三类、四类、五类烟的湿叶丝接出，在切丝机后掺入该批次叶丝中。若湿叶丝重量＞批投料量的3%，应将一类、二类、三类烟的湿叶丝接出，并降级回掺，将四类、五类烟的湿叶丝接出，在切丝机后掺入同批次中。出口有湿团叶丝，加香出口未发现湿团，应加大叶丝风选剔除量，密切观察加香出口是否有湿团叶丝，必要时立即停机查找原因。若在加香出口发现湿团叶丝，应立即查找原因，并将已入柜的叶丝进行风选，剔除湿团、结团后再进行隔离。

（3）滚筒管板式烘丝机。

滚筒管板式烘丝机是秦皇岛烟草机械有限公司在引进英国相关技术的基础上自行研制的烘丝机，如图3-35所示。滚筒管板式烘丝机与德国虹霓公司生产的KLD-2-2Z叶丝干燥机相比，滚筒外观差异不大，主要采用管板加热结构，将半圆管和筒体焊接在一起，使加热器和筒体成为整体。这种结构的加热器，其筒体各点的温度一致，线膨胀系数相同，受热后的膨胀速度和伸长量相同，烘丝机的筒体在预热、停机等发生热胀冷缩的情况下，焊缝不会因筒体冷热条件变化而开裂，从而提高加热器筒体工作的可靠性。

图3-35 滚筒管板式烘丝机

叶丝通过振槽喂入由烘丝机内外筒组成的环形空间，在环形空间中，叶丝通过炒料板与烘丝机内外筒的加热器、热风充分接触。由于烘丝机的筒体有5°的倾斜角度，叶丝在翻转、烘炒的过程中由进料端向出料端不断移动，最终由出料口落到出料振槽上。烘出的潮气随热风经过金属筛网、进料罩，最后通过排潮装置排出。

滚筒管板式烘丝机采用双筒结构，同步旋转，工作时筒温可达到120～170 ℃。叶丝从由内外筒组成的环形空间通过，双筒加热叶丝。由于叶丝和炒料板接触时间长，因此叶丝脱水速度快，卷曲强烈、均匀，膨胀效果明显，能获得较高的填充值，填充值可达4.5 cm³/g以上。外筒炒料板采用折线结构，当叶丝下落时，炒料板上的叶丝表层先落，底层后落，产生翻动效果，叶丝干燥均匀。叶丝从加热器外筒落到加热器内筒上，再从加热器内筒落到加热器外筒上，如此反复，因此在烘干过程中叶丝落差小，造碎率低。滚筒管板式烘丝机双筒工作原理如图3-36所示。

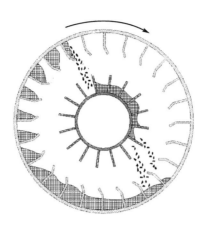

图3-36 滚筒管板式烘丝机双筒工作原理

滚筒管板式烘丝机主要由内外筒装配、主轴、机架、保温罩、进料罩、出料罩、热风系统、排潮系统、进汽装置、出汽装置等组成。其中，内外筒装配由内筒、外筒和辐条等部件组成，如图3-37所示。内筒的外部和外筒的内部均焊有炒料板，半圆管炒料板上焊有半圆管，如图3-38、图3-39所示，蒸汽进入半圆管进行加热。

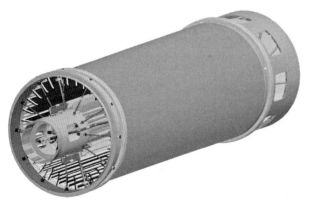

图3-37 内外筒装配

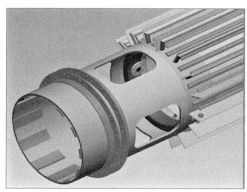
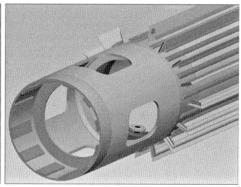

图3-38 内筒

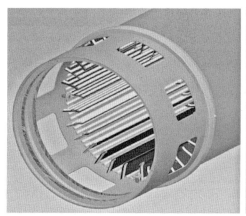
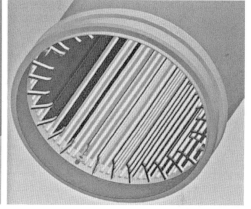

图3-39 外筒

辐条分为进料端辐条和出料端辐条。内外筒通过辐条装配在一起。进料端辐条有12套，采用锻压、热处理等工艺加工成型，大幅度提升辐条强度。每套进料端辐条与内外筒连接处均安装碟形弹簧，可以补偿内外筒因热胀冷缩而产生的径向变形量，延长辐条的使用寿命，如图3-40所示。出料端辐条有16套，采用锻压、热处理等工艺加工成型，两端关节轴承螺纹为一端右旋，另一端左旋，如图3-41所示。

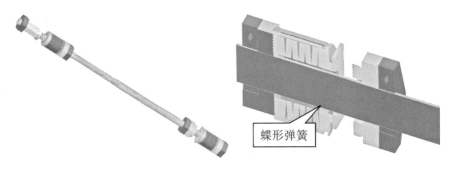

蝶形弹簧

图3-40　进料端辐条

图3-41　出料端辐条

主轴通过轴承支撑在机架上，分为进料端主轴和出料端主轴，内筒两个内表面经加工后通过螺栓与主轴连接在一起，如图 3-42 所示。进料端主轴轴承座下配有滚针轴承，为浮动支撑；出料端主轴轴承座为固定支撑。出料端主轴通过键与大皮带轮相连，减速机通过带传动结构带动内外筒旋转。进料端主轴和出料端主轴各安装一个旋转接头，旋转接头为单进单出式，进料端为左旋螺纹，出料端为右旋螺纹。蒸汽通过进料端主轴内部的蒸汽管进入内外筒，蒸汽管道装有波纹管，冷凝水通过出料端主轴内部的蒸汽管流出。

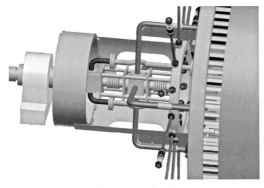

图3-42　主轴

　　机架由工字钢制成，设有前后支腿，整个机架呈5°的倾角。进料端、出料端的轴承座和减速机及进料罩、出料罩、传动减速机、保温罩等部件均安装在机架上。

　　保温罩通过螺栓连接在机架上，不随筒体转动。外筒的外面包裹有保温罩，目的是减少热量的损失。

　　进料罩和出料罩采用不锈钢钢板制造，在进料罩和出料罩的两侧安装安全门，便于观察和检修。正常生产时，所有的安全门均关闭，当需要维修时，维修人员须经安全门进入筒内。金属筛网通过螺钉和外筒相连，正常生产时叶丝中的碎末、尘土等杂质经过金属筛网落入进料端的集尘箱内。集尘箱底部有一扇清扫门，清扫灰尘时须打开清扫门。进料罩和出料罩上方均设有金属筛网自动喷吹装置，如图3-43所示，防止筛网堵塞，影响排潮效果。进料罩和出料罩内部装有密封圈，密封圈在生产过程中起密封的作用。

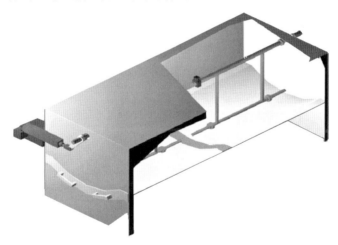

图3-43　金属筛网自动喷吹装置

　　热风系统安装在机架下方，由风机、加热器和风管道等组成。风机采用变频调速。冷风通过加热器加热后，温度最高可达150 ℃（可根据卷烟厂的具体情况自动设定）。通过伺服气缸带动风门旋转，利用冷风与热风的掺兑比例来控制热风的温度。热风系统通过三叉管处的气缸可实现顺流、逆流形式转换烘丝。逆流形式从出料罩进热风，从进料罩排潮；顺流形式从进料罩进热风，从出料罩排潮。逆流烘丝分为两路，一路从出料罩进入筒体（主路为逆向风），另一路从进料罩下部经金属筛网进入筒体（防止排潮时产生冷凝水），通过进料端的金属筛网排潮，因此需要经常对金属筛网进行清理，保持排潮通畅。顺流烘丝也分为两路，一路从进料罩上部通过金属筛网进入筒体（主路为顺向风），另一路从进料罩下部经金属筛网进入筒体（顺向风），通过出料罩排潮。热风管道垂直段安装热风风量调节风门，可通过伺服气缸的动作自动调节风门开度，以此来调节水分精度。

排潮系统将筒内的潮气排出，控制烘丝水分。在排潮管道上设有自动排潮风门，由伺服气缸控制。根据烘丝机出口水分的变化来自动调节排潮风门（该风门与热风风量风门联动）的开度，从而调节水分精度。排潮管道上设有顺流、逆流转换风门，通过三叉管处的气缸可实现顺流、逆流转换烘丝（与热风系统中的气缸配套使用）。热风系统和排潮系统如图3-44所示。

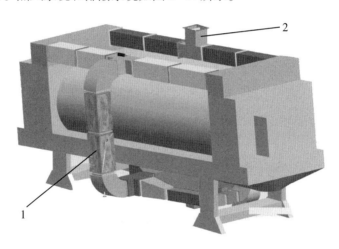

1—热风系统；2—排潮系统。

图3-44 热风系统和排潮系统

进汽装置包括主蒸汽截止阀、过滤器、汽水分离器、减压阀和气动薄膜调节阀等蒸汽阀门。烘丝筒的温度通过控制气动薄膜调节阀的开度来控制蒸汽流量。

出汽装置配有浮球式疏水阀、视镜和止回阀等。加热器和烘丝筒内的冷凝水通过出汽装置排出。

水分的控制主要包括烘丝筒的温度、热风风量、排潮风量。烘丝筒的温度是控制水分的主要因素。通过安装在出料端冷凝水排放管道上的温度传感器和进料端的气动薄膜调节阀的共同作用来控制烘丝筒的温度。主蒸汽管路须配备稳压阀，保证蒸汽压力的稳定。只有蒸汽压力稳定，才能保证烘丝筒温度的稳定。烘丝筒温度是否稳定对于烘丝机的出口水分有很大的影响，因此要想生产合格的叶丝，烘丝筒温度的稳定是至关重要的。

烘丝机的风门主要有热风温度控制风门、热风风量调节风门和排潮风门。控制水分精度的是热风风量调节风门和排潮风门。在烘丝机热风管路部分安装一个温度传感器，温度传感器的测温范围为 $0 \sim 200\ ℃$，它的主要作用是测量热风温度。工作时，温度传感器发出 $4 \sim 20\ mA$ 的电流信号给 PLC，PLC 再将 $4 \sim 20\ mA$ 的电流信号发送给控制热风温度的伺服气缸，从而控制风门的开度，达到控制热风温度的目的。一般来说，在正常生产过程中热风温度是恒定的。

热风风量调节风门和排潮风门的控制是通过水分仪发送信号给 PLC，PLC 再将信号发送至伺服气缸上的 E/P 转换器，通过控制伺服气缸的行程来控制热风风量调节风门和排潮风门的开度，改变热风风量和排潮风量，从而对叶丝水分进行微调。

叶丝填充值是一个重要的烟丝质量评价指标，它主要取决于叶丝入料温度、入料水分和烘丝筒温度等因素。

蒸汽管路主要分为两路，一路为热风加热器提供蒸汽，另一路为烘丝筒提供蒸汽。两路蒸汽都配置了汽水分离器和减压阀，保证蒸汽压力的稳定和质量。压缩空气管路元件主要有两个作用：一是给气动元件提供气源和控制气源；二是用于金属筛网的喷吹，防止金属筛网堵塞，影响烘丝效果。

3.2.4 柔性风选设备

柔性风选设备由徐州众凯机电设备制造有限公司生产，主要分为一级柔性风选机和二级柔性风选机，可根据产品需要对干燥后的叶丝进行风选，并筛选出叶丝里含有的梗签、梗块和烟块等物质。

（1）一级柔性风选机。

一级柔性风选机主要由上箱、风选箱体、输送机构、出料机构、出杂机构、梳丝送丝机构、支架和风量调节机构等组成，如图 3-45 所示。上箱安装滚网，滚网与总风管相通，总风管上设有风量调节机构。风选箱体内安装有照明灯，两侧设有观察窗，观察窗由钢化玻璃制成，进料口的下方设有侧进风口，箱体的前侧设有一扇检修门，方便维修和保养。输送机构在风选箱体的下方。输送机构的前下方是出料机构，后下方是除杂机构。梳丝辊位于除杂箱体内。

图3-45　一级柔性风选机

被选叶丝进入风选箱体后自由落下，在侧向进风和垂直进风的共同作用下进行飘选和浮选，通过两次组合风选，叶丝中的湿团、焦片及梗签等通过出杂口落下，叶丝由出料机构送出箱体，从而实现叶丝的柔性就地风选。同时，叶丝中的丝团也进入出杂斗，梳丝送丝机构将其打开并就地风选后，再由出料机构送出箱体。

该风选机的主要特点是对叶丝进行柔性就地风选，但不风送；就地风选过程对叶丝不产生伤害，水分损耗很少；在对叶丝进行柔性就地风选时，可将叶丝中缠绕的丝团梳开，将长丝打短。

风选机的传动是由减速机、链轮等实现的，如图3-46所示。减速机通过小链轮1和链条将旋转运动传动给滚网，滚网通过小链轮2将旋转运动传递给刷辊，依次实现滚网组件的传动。

1—滚网；2—大链轮；3—刷辊；4—减速机；5—小链轮1；6—小链轮3；7—小链轮2。

图3-46　风选机的传动

风选箱体的转轴传动是由输送机构被动辊通过链轮和链条传递的旋转运动，如图 3-47 所示。

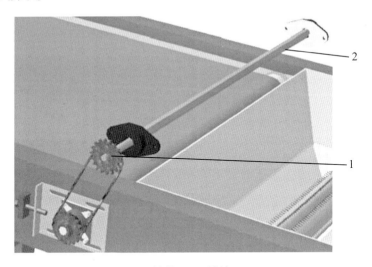

1—链轮；2—转轴。

图3-47　风选箱体的传动

输送机构的传动是由直插式减速机、主动辊、被动辊、输送带和张紧机构组成，如图 3-48 所示。

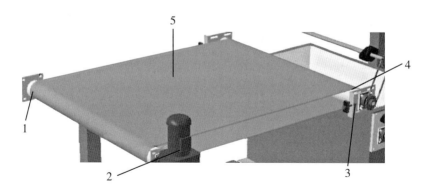

1—主动辊；2—减速机；3—张紧机构；4—被动辊；5—皮带。

图3-48　输送机构的传动

出料机构的传动是直插式减速机带动气锁转子的旋转运动，如图3-49所示。

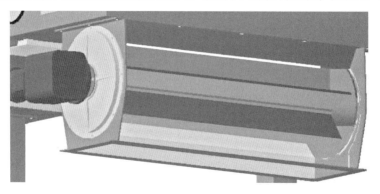

图3-49　出料机构的传动

（2）二级柔性风选机。

叶丝经过一级柔性风选机进行初选，梗签及少部分叶丝（主要是丝团、湿团）由出杂斗落下，纯净的叶丝经过出料气锁进入下一道工序。一级柔性风选机落下的梗签及少部分叶丝（一般为总流量的10%左右）经过定量后，进入二级柔性风选机管道进行精选，梗签、湿团等杂物从二级网带机气锁落下，干净的叶丝经低速柔性风送后从出料气锁落下，与一级柔性风选机的出料汇合，并进入下一道工序。

风选工艺采用飘选与浮选相结合的柔性风选原理，通过风选、不风送的方式对烟草制品中的异物进行分离。由于风选箱内存在负压，风速合理，因此叶丝不会被排风管抽走，实现对物料的柔性就地风选而不风送的目的。

风选箱体由箱体、高速皮带机和调风机构组成。箱体的主体采用优质不锈钢制作，高速输送带由张紧机构张紧。高速皮带机采用电机与皮带相结合的传动方式，电机标配为变频调速。箱体后部设有检修门，维修人员可通过检修门进入箱体内部进行检修；箱体侧面设置一面观察窗，操作人员可以通过观察窗观察物料在箱体内的风选情况。出料机构主要由壳体、转子和端盖等组成。出料机构按照锁气器的原理，实现料、气分离的目的。壳体和转子均选用优质的碳钢板制作。除杂部件主要由箱体、两对梳丝辊、观察窗、导料板和导风板等组成。

物料进入二级柔性风选机时，首先经过入口处的打辊，其作用是把丝团、湿团打开，将长丝打短，起到松散效果，同时还可以改善叶丝结构，减少超长叶丝在叶丝中所占的比例，改善卷烟效果。由于丝团多为长丝，因此基本不存在造碎问题，而湿团松散后，避免了叶丝的浪费，同时打辊将物料抛起，对物料进行浮选，获得上升叶丝、沉降梗签和梗丝混合物的效果。梗丝混合物经过二次松散后，再次进行风选。

循环风式二级柔性风选机风送管道主要由除尘管路、网带输送机部件、垂直风选部件、水平输送部件、循环风管路、沉降式落料部件、喷吹部件、出料气锁部件和本地风机等组成，如图3-50所示。

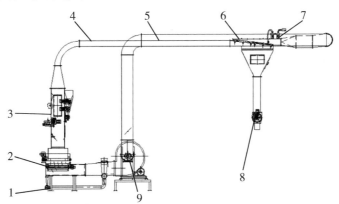

1—除尘管路；2—网带输送机部件；3—垂直风选部件；4—水平输送部件；5—循环风管路；
6—沉降式落料部件；7—喷吹部件；8—出料气锁部件；9—本地风机。

图3-50 循环风式二级柔性风选机风送管道

垂直风选部件由抛料辊、箱体、调风机构、观察窗、照明灯、梳丝辊（叶丝管道专配）和检修门组成。箱体采用镜面拉丝不锈钢板制成；箱体下部设置调风机构，通过调风机构调节风选箱内的风速；箱体侧面设置一面观察窗和一处安装照明灯，便于操作人员观察物料在箱体内的风选情况。检修门便于操作人员开展检修工作。

沉降式落料部件由上盖、气料分离装置、箱体、观察窗和检修门等组成。气料分离装置可以使物料与气分离，也可以清理灰尘。观察窗可以清晰地看到柔性落料过程。检修门便于操作人员在紧急堵料情况下清理箱体内堆积的物料。

二次柔性风选机可以达到总出签率≥1%（投料总量的1%），风选后叶丝的纯净度≥99%，剔除物中含有合格叶丝量≤剔除物总量的15%，风选后叶丝含水率的损失率≤0.5%。

3.3 重点监控内容

3.3.1 生产前的准备工作

生产前的准备工作主要是从人员、机器、原料、方法、环境等方面对生产状态进行确认，确保生产要素满足制丝工艺要求，确认过程包括如下内容：

（1）核对生产信息、贮叶柜、生产线路、叶丝暂存间等信息。

（2）核对工艺标准是否准确，是否为最新版本。

（3）核对设备工艺参数是否与工艺标准相符。

（4）检查在线水分仪修正值（TRIM值）是否正确下达。

（5）检查现场各管道有无跑、冒、滴、漏等异常现象，如有异常情况，应通知维修人员进行处理。

（6）检查各皮带输送机、振动输送机等输送设备，要求输送设备清洁，无残余物料、水渍和积尘。

（7）确认各设备安全门均处于安全锁紧状态。

（8）检查切丝前的振动筛分机是否洁净，网孔有无堵塞。

（9）检查滚筒式叶丝回潮机、KLD两段式烘丝机的排潮滤网是否洁净，无堵塞。

（10）检查各设备输送振槽是否洁净，无叶丝、水渍和香精污渍。

（11）检查现场水分仪探头镜面是否清洁，确认水分仪的压缩空气管连接牢固。

3.3.2 生产中的管控工作

（1）监控各项工艺指标执行情况，并将其控制在工艺标准的要求范围内。

（2）对设备的工作状态进行检查、监控并判断，若设备出现异常情况，应及时向修理人员反馈并进行维修。

（3）对叶丝加工质量进行自检，确定叶丝温度、含水率是否符合工艺标准的要求，叶丝是否含有杂物，如有杂物，应进行挑选。

（4）若出现工艺指标不达标的情况，应该采取防控措施。

（5）做好工艺、设备等参数的记录工作。

3.3.3 生产后的收尾工作

（1）对皮带、振槽、喂料仓等工艺通道进行检查，确保无物料残留。

（2）确定设备的工作状态是否正常工作。

（3）切丝操作人员对切丝机退回的物料进行标识并处置。

（4）烘丝操作人员对干头、干尾物料进行处置。

（5）对蒸汽、水、压缩空气设备总阀进行检查，判断其是否正确关闭。

（6）确认批次生产质量，并做好统计、分析和质量反馈的工作。

制梗丝工序

烟梗是指烟叶中的粗硬叶脉，占烟叶质量的 25% 左右。在烟草的栽培生产过程中，烟梗起到输送养分和水分的作用，烟梗所含化学成分的性质基本与叶片相同，但化学成分的含量则不及叶片。烟梗的主要成分是细胞壁物质以及淀粉、蛋白质等大分子物质，导致梗丝制品的杂气多而重、香气吸味不足，从而使其在卷烟中的使用受到较大的限制。烟梗的总糖、烟碱和总氮含量较少，而果胶含量较多。果胶类物质会形成胶质层，使烟梗在回潮过程中水分较难渗透到烟梗内部，造成烟梗处理加工的难度较大。

烟梗是卷烟的重要原料，我国作为烟草资源大国，每年产生大量的烟梗。梗丝是卷烟配方中的重要组分之一，作为卷烟的主要填充性原料来使用。加工良好的梗丝可以增加叶丝的填充值，降低卷烟原料消耗，改善燃烧性及烟气特征，降低烟气焦油量。由于烟梗在理化特性方面与烟叶存在较大差别，因此烟梗必须进行单独的工艺处理，以改善其物理性能、结构现状和化学成分，使其与叶丝具有较好的配伍性，从而满足卷烟加工需求。

在烟草企业中，烟梗可制备成梗丝，作为卷烟配方的组分添加到卷烟中，也可以作为造纸法再造烟叶的主要原料，还可以制成颗粒梗，通过膨胀，改造成多孔的吸附材料，并应用于卷烟滤嘴中。

4.1 主要工艺任务

制梗丝的主要工艺任务是将烟梗制成含杂量低、出丝率高、填充性强、烟气中的木质气少，且符合卷制要求的梗丝。梗丝质量指标见表 4-1。根据烟梗在加工过程中的不同形状，各工序点在工艺质量上有很大差别。

表 4-1 梗丝质量指标

指标	工艺要求	检测要求
填充值 $/cm^3 \cdot g^{-1}$	≥6.50	使用 9.80 N±0.10 N 的均匀压力
批内填充值允差 $/cm^3 \cdot g^{-1}$	±0.50	
纯净度	≥99%	

续表

指标	工艺要求	检测要求
整丝率	≥85%	贮梗丝后
碎丝率	≤2%	
含水率标准偏差	≤0.17%	
含水率允差	±0.50%	

4.1.1 烟梗预处理

烟梗预处理的任务是为制梗丝工序中的切梗丝服务，提高烟梗含水率与温度，使烟梗润透、柔软适度，抗破碎性好，流量均衡、稳定，为下一步加工成合格的梗丝提供适宜的工艺条件。复烤后的烟梗与打叶后的烟梗相比较，含水率更低，烟梗的组织结构更紧密。因此，烟梗预处理的增温、增湿应达到较好的润透效果。

烟梗预处理主要由备料、筛分与除杂、烟梗回潮、贮梗、烟梗增温和压梗等环节组成。烟梗预处理工序具体的工艺流程如图4-1所示。

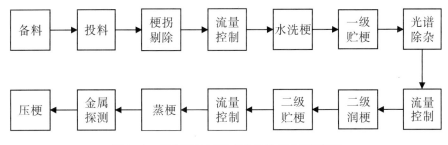

图4-1 烟梗预处理工序具体的工艺流程

（1）备料。

①工艺任务。准备烟梗原料，核查烟梗等级、质量和数量，确保投入的烟梗符合产品设计要求。

②来料标准。烟梗来料的含水率宜为10%～13%，包装后每包（箱）烟梗净重量允差为±0.5 kg。烟梗质量指标见表4-2。烟梗包装应完整，标识明显，不易脱落。烟梗的年份、产地和数量等应符合产品配方规定和生产要求。烟梗形态

结构均匀，梗拐和梗头少，无霉变、炭化、污染和虫情等现象，无金属、石块和包装材料等杂物。

表 4-2　烟梗质量指标

指标		工艺要求
含水率		10% ～ 13%
烟梗结构	烟梗长梗长度 > 20 mm	≥ 85%
	烟梗短梗长度 < 6 mm	< 5%
含杂率	一类杂物	0
	其他类杂物	< 0.006 65%

③技术要点。烟梗应按生产单位有序堆放，并做好标识。各生产单位堆放区域之间应有明显的间隔，同一生产单位的烟梗宜具有相近的加工性能。烟梗应按照投料要求准确计量。备料场所应清洁，无杂物，并远离污染源。

（2）筛分与除杂。

①工艺任务。筛除烟梗中的梗拐，以及长度小于 10 mm、直径小于 2.5 mm 的碎梗，并剔除烟梗中的非烟草物质，提高梗丝的纯净度和加工质量。

②来料标准。流量均匀、稳定，不超过设备工艺制造能力。烟梗结构均匀，无梗枴、梗头，无一类杂物，其他类杂物比例应小于 0.006 65%。

③技术要点。投料过程应防止粉尘污染，筛分设备的网孔应定期清理，不能堵塞，筛分效率应大于 95%。除杂设备和除尘装置应完好，应经常对其维护和保养，防止误剔、漏剔。风选除杂设备的风量、风速可调节。

（3）烟梗回潮。

①工艺任务。增加烟梗的含水率和温度，使梗条润透，提高烟梗的耐加工性，利于后续制梗丝工序的处理。同时，去除烟梗表面的灰尘和果胶类物质，沉淀出烟梗中的金属或非金属等杂物。

②来料标准。来料流量均匀、稳定，不超过设备工艺制造能力。烟梗结构均匀，无梗枴、梗头，无一类杂物，其他类杂物比例应小于 0.006 65%。

③设备性能。回潮设备可增加烟梗含水率（15%～25%），排潮装置完好，无蒸汽外溢。水槽式烟梗回潮设备的水温、水流速度和滤网运行速度等可调可控，刮板式和振槽式烟梗回潮设备的水流量、蒸汽压力等可调可控，滚筒式烟梗回潮设备的水流量、蒸汽流量、热风温度、热风风速、筒体转速和排潮风门开度等可调可控。回风温度为50～80℃且可调可控，控制允差±2℃。

④技术要点。烟梗流量均匀、稳定，不超过设备工艺制造能力。蒸汽、水、压缩空气工作压力均符合设备及工艺设计要求，蒸汽、水施加系统管道和喷嘴畅通，喷嘴雾化适度。水槽式烟梗回潮设备的工艺用水应定期更换。烟梗回潮后的质量见表4-3。

表4-3 烟梗回潮后的质量

指标	工艺要求
含水率	28%～38%
温度/℃	35～85
温度允差/℃	±3

（4）贮梗。

①工艺任务。烟梗吸收、平衡并渗透水分，使烟梗内、外部的含水率趋于一致。平衡和缓冲前后工序之间的加工时间和生产能力。

②来料标准。来料标准应符合表4-3的要求。

③设备性能。设备应具有与投料量相适应的贮存能力，以及对烟梗进料、出料和贮存量监控的功能。出料底带速度可调节，出料应均匀、完全。

④技术要点。出柜流量均匀，出料彻底。不同生产批次的烟梗应具有明显的标识，底带不得有残留物质，应定期对贮梗柜进行清理，防止发生霉变。保持适宜的贮存时间，确保烟梗达到质量要求，贮存后烟梗柔软，含水率均匀，表面无水渍。贮梗后烟梗的质量见表4-4。

表 4–4　贮梗后烟梗的质量

指标		工艺要求	允差
一级贮梗	含水率	26%～30%	±1.50%
	时间 /h	≥3	
二级贮梗	含水率	30%～35%	±1.50%
	时间 /h	≥1	

注：一级、二级贮梗时间相加宜≤48 h。

（5）烟梗增温。

①工艺任务。增加烟梗的温度，提高烟梗的柔软性和耐加工性。

②来料标准。来料质量应符合表 4–4 的要求，来料流量均匀、稳定。

③设备性能。设备的蒸汽压力可调，烟梗温度可增加至 90 ℃以上，蒸汽、水流量计量准确，排潮装置完好，无蒸汽外溢。

④技术要点。烟梗流量均匀、稳定，不超过设备工艺制造能力。蒸汽、水、压缩空气工作压力均符合工艺设计要求，蒸汽喷嘴或喷孔畅通，喷蒸汽时不带水滴。烟梗增温后的质量见表 4–5。

表 4–5　烟梗增温后的质量

指标	工艺要求
含水率增加量	≤2%
温度 /℃	≥60

（6）压梗。

①工艺任务。挤压烟梗，疏松烟梗组织结构，使烟梗呈片状，利于烟梗切丝后产生丝状梗丝。

②来料标准。烟梗流量稳定，物料在输送带上分布均匀，烟梗温度≥55 ℃，无金属等硬物。

③设备性能。金属探测器运行正常，可有效监测并剔除物料中的铁磁性杂物。压辊间隙为 0.4～2.5 mm，可调。压辊表面应光洁、平滑，压辊凸度不大于 0.15 mm，两处压辊的直径差不大于 1 mm。配备压辊表面污垢清理装置，具有压

辊自动保护功能，可卸荷和排除硬物，具有压辊降温和冷却装置。

④技术要点。烟梗流量稳定，不超过设备工艺制造能力。烟梗在压辊轴向分布均匀，防止烟梗重叠挤压，压辊间隙为 0.5 ～ 1.2 mm，两根压辊轴线平行，间隙均匀一致，压辊表面不粘梗，无积垢。压梗后烟梗无碎损，烟梗表面无水渍，含水率增加量不超过 1.5%。

4.1.2　制梗丝

制梗丝是通过合理的加工工艺，将梗条加工成纯净度高、填充性强、吸味有所改善、符合卷烟质量要求的合格梗丝，在降低卷烟单箱耗叶、改善吸味、降低卷烟焦油量、降低原料成本、提高经济效益等方面具有重要的作用。

制梗丝是将挤压后的烟梗切成规定厚度的梗丝，通过加料来改善吸味和使用价值；通过增温、增湿，提升梗丝的含水率，利于梗丝膨胀；在快速膨胀干燥的去湿过程中使梗丝膨胀，使其含水率达到工艺设计要求和掺配要求；通过风选来提高梗丝的纯净度，起到梗丝快速冷却、定型的作用。制梗丝工序主要由切梗丝、梗丝加料、膨胀干燥、梗丝风选和贮梗丝等组成，具体的工艺流程如图 4-2 所示。

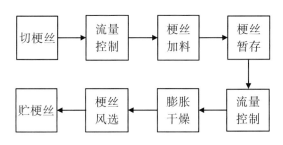

图4-2　制梗丝工序具体的工艺流程

（1）切梗丝。

①工艺任务。将烟梗按设定要求切成厚度均匀的梗丝。

②来料标准。压梗后烟梗无碎损，烟梗表面无水渍，烟梗的温度不高于 45 ℃，烟梗柔软，含水率均匀。烟梗的流量均匀、稳定。

③设备性能。设备应具有稳定、均匀进给烟梗的功能，以及切梗厚度自动控

制功能，设备设定的切梗丝的厚度为 0.1 ~ 0.5 mm，可调；刀门与刀片之间的间隙可调；烟梗压紧系统完好，刀门压力稳定，可调可控，刀门高度在一定范围内可根据进料量自动调整；刀片进给系统和磨削系统运行稳定、可靠，进刀与磨削距离一致；具备除尘系统，除尘效果良好；整机运行协调、平稳和可靠。

④技术要点。切梗丝前应将烟梗的温度降低至 45 ℃以下，烟梗表面无水渍。烟梗铺料均匀，进给均衡，不脱节，刀门四角不空松，刀门高度适宜，压力调整适宜，烟梗压紧适度。刀门应平整，并与刀片平行，刀门与刀片的间隙调整适当。刀片的材质、硬度和尺寸规格应均匀一致，磨刀砂轮应符合标准要求，切削过程刀口保持锋利，不卷刀，不缺口。在生产过程中，切梗丝的厚度设定为 0.10 ~ 0.18 mm。切梗丝的流量调整适宜，避免切梗丝机频繁起停。切后梗丝厚度均匀，不因厚度影响梗丝膨胀质量和感官质量。梗丝松散，不粘连结块，同时满足后工序加工要求。

（2）梗丝加料。

①工艺任务。按照比例准确、均匀地对切后的梗丝施加料液，适当提高梗丝的温度和含水率。

②来料标准。压梗后烟梗无碎损，烟梗表面无水渍，烟梗温度不高于 45 ℃，烟梗柔软，含水率均匀。叶丝流量均匀、稳定，流量变异系数不大于 0.15%。料液符合产品配方要求，无沉淀、杂质。

③设备性能。定量喂料设备完好，由喂料机、限量管、皮带秤组成，工作状态稳定。喷嘴雾化效果、喷射角度、喷射区域可调，且调校合适。滚筒式加料回潮机的筒体转速可调可控，排潮风量可调，具有加料、增温、增湿、排潮、冷凝水排放、筒体清洗和加料系统清洗的功能。设备满足梗丝含水率增加 10%，温度可提高至 70 ℃以上的要求，且具有联锁、防错、报警和纠错功能。盛料桶具有搅拌、过滤和温度可控的功能，料液温度为 45 ~ 70 ℃，可调可控，料液流量能自控，加料流量计的计量精度符合要求。

④技术要点。设备应预热到设定温度值后才可进料生产。梗丝流量均匀、稳定，不超过设备的工艺制造能力。排气罩完好、清洁，滤网清洁、畅通。各种仪器工作正常，数字显示准确无误。蒸汽、水、压缩空气的工作压力符合工艺设计

要求，蒸汽、水、料液计量控制准确。料液施加均匀，料液施加量与物料流量同步，加料后梗丝中的料液含量符合产品设计要求。加料系统清洁、畅通，喷料正常，料液雾化适度，喷射角度适宜，计量准确。料液温度恒定，满足其特性要求。在生产过程中应经常检查料液施加情况，及时对料液过滤装置进行清洁。每班或不同批生产后应用温水清洗加料系统，定期对加料系统进行深度清洁，加料管道清洗水应进行污水处理。梗丝不附着于加料区域，加料后梗丝质量要求见表4-6。

表 4-6　加料后梗丝质量要求

指标	质量要求
含水率	30% ～ 40%
含水率允差	±1%
温度 /℃	40 ～ 70
温度允差 /℃	±3
总体加料精度	≤ 1%
瞬时加料比例变异系数	≤ 1%

（3）膨胀干燥。

①工艺任务。去除梗丝中的部分水分，提高梗丝的弹性、填充性和燃烧性。

②来料标准。梗丝流量均匀、稳定，流量变异系数不大于0.15%。梗丝质量应符合表4-6的要求。

③设备性能。膨胀设备配有施加水或蒸汽的自动控制装置，使梗丝体积在膨胀区中充分增大。文氏管式、旋转蒸汽喷射式、蒸汽隧道式等膨胀设备具有较大的蒸汽喷射压力或流量调节范围，并且可调可控。文氏管式膨胀设备喷嘴蒸汽压力为 0.2 ～ 0.7 MPa。干燥设备具有排潮或防止废气外溢的功能，可自动闭环，调节干燥过程的有关参数，梗丝干燥工艺气体温度、风量可调可控。气流式干燥机工艺气体温度可达到 240 ℃，隧道振槽式干燥机和膨化塔热风区工艺气体温度可达到 180 ℃。滚筒式干燥机筒壁蒸汽压力可调可控，排潮风量和筒体转速可调

可控，筒壁温度可达到 170 ℃，热风温度可达到 140 ℃。气流式干燥机具有烟火探测、报警和自动处理功能。

④技术要点。设备应预热到设定温度后再进料生产。梗丝流量均匀、稳定，不超过设备的工艺制造能力。蒸汽、水和压缩空气的工作压力均符合工艺设计要求，蒸汽、水流量计量准确。热交换系统、蒸汽管路、物料输送系统运行正常。蒸汽管道及喷孔畅通，并定期进行清理。各类显示仪表正常，在线监测准确，反馈及时，设备自控系统灵敏、可靠。梗丝干燥速率适宜，减少膨胀后梗丝体积收缩。隧道振槽式干燥机物料出口水平方向梗丝的含水率均匀一致。干燥后梗丝含水率标准偏差 ≤ 0.17%，烘后梗丝柔软、松散，无结团、湿团。膨胀干燥后梗丝质量要求见表 4-7。

表 4-7 膨胀干燥后梗丝质量要求

设备类型	含水率		温度 /℃		填充值 /cm^3 · g^{-1}		碎丝率
	指标	允差	指标	允差	指标	允差	指标
气流式干燥机	12.50% ～ 14.50%	±0.75%	≥ 65	±3	6.00 ～ 7.50	±0.50	≤ 3%
滚筒式干燥机	12.50% ～ 14.50%	±0.50%	≥ 50	±3	5.50 ～ 7.50	±0.50	≤ 3%
隧道振槽式干燥机	12.50% ～ 14.50%	±0.75%	≥ 50	±3	6.00 ～ 7.50	±0.50	≤ 3%

注：填充值测定仪使用 9.80 N±0.10 N 的均匀压力。

（4）梗丝风选。

①工艺任务。分离梗丝中的梗签、梗块和杂物，提高梗丝的纯净度。

②来料标准。梗丝流量均匀、稳定，流量变异系数不大于 0.15%。梗丝质量应符合表 4-7 的要求。

③设备性能。设备可将梗丝与梗签、梗块、杂物分离，风分效率达 95% 以上。断面风速均匀，且风速可调。抛料速度可调。

④技术要点。物料流量均匀、稳定，不超过设备的工艺制造能力。梗丝风

选的网孔保持清洁、畅通。抛料速度和风量适宜，排出物中应含有适量的合格梗丝。风选后梗丝质量要求见表4-8。

表 4-8　风选后梗丝质量要求

指标	要求
含水率	12.00% ～ 13.50%
含水率允差	±0.50%
整丝率降低	≤ 3%
纯净度	≥ 99%

（5）贮梗丝。

①工艺任务。平衡梗丝的含水率，以及制叶丝与制梗丝工序之间的加工时间。

②来料标准。梗丝质量指标应符合表4-8的要求。

③设备性能。设备采用纵横往复式布料带进行布料，出料拨料辊转速适宜，耙钉间隔适宜，减少造碎率，底带速度可调可控，出料均匀、完全。

④技术要点。贮梗丝高度小于900 mm，贮后梗丝松散，无结块、霉变现象，且结构均匀。梗丝质量指标应符合表4-1的要求。

4.1.3　关键工序点

制梗丝工艺主要是将烟梗制成填充性好的梗丝。只有润透效果好的梗条，才有利于切梗丝及膨胀干燥。梗线的关键工序点主要包括以下方面：①水洗梗。只有大幅度提高梗条的含水率，使水分渗透烟梗内部，润透的烟梗才可以较好地为切梗丝服务。②压梗、切梗。压梗主要是为切后梗丝的形状服务。③膨胀干燥。将梗丝膨胀，并去除多余的水分。

（1）水洗梗。水洗梗设备主要由进料振槽、洗梗波纹板水槽、沉降挡板式除杂区和平底过渡水槽等组成，如图4-3所示。

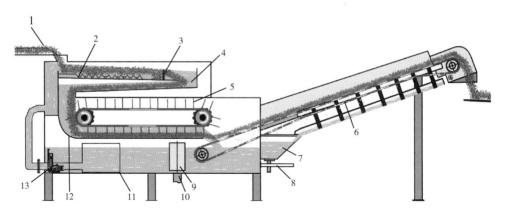

1—进料振槽；2—洗梗波纹板水槽；3—沉降挡板式除杂区；4—平底过渡水槽；
5—强制浸梗输送刮板；6—网带输送机构；7—集水箱；8—接入管控柜；9—观察箱；
10—放水口；11—循环水箱；12—强制浸梗区域变频控制；13—水泵。

图4-3　水洗梗设备结构

在现行的烟梗回潮工序中，第一次回潮主要采用水洗梗工艺。相对于其他的回潮工艺，水洗梗工艺主要有以下优点：①大幅度提高烟梗的含水率，烟梗的含水率可以提升至 15% 以上；②利用烟梗的结构特点，使烟梗的内部纤维通过虹吸现象充分吸收水分，使水分容易渗透到烟梗内部；③将烟梗表面的灰土清除，避免生产过程出现扬尘，可以净化工作环境；④将部分黏性物质（如果胶类物质）清除，避免或减少切梗丝过程中出现粘刀、结垢和打滑等现象，既可以提高切丝质量，又可以延长刀片寿命；⑤起到除杂的效果，较轻的杂物（如羽毛）会浮起，较重的杂物（如石头）会沉底；⑥能减少烟梗处理过程中的跑、冒、滴、漏等现象，减少能耗，操作简单、便捷。

水洗梗是烟梗加工中最主要的补水和润透工序，利用恒温循环水对烟梗进行在线处理，使烟梗在水槽中连续翻滚，充分与水接触并吸收水分，同时去除梗条表面果胶类物质层，利于烟梗的润透。在工艺上要求控制水温及烟梗通过槽体的时间，确保润透效果和含水率。水洗梗工艺的控制指标主要包括清洗水温度、换水频率、水泵电机转速、刮板电机频率和滤网提升带电机频率等。影响水洗梗效果的参数主要有以下方面：

①水速和水位。水洗梗工艺使用的是恒温循环水，水流速度过慢，槽体内的水流平稳，烟梗浮在水面上平稳地飘过水槽，烟梗洗净率较差，但烟梗通过槽体

的时间较长，有利于烟梗吸水。水流达到一定的速度，形成湍流，烟梗随波纹水流翻滚，烟梗洗净率较高，但烟梗通过槽体的时间较短，不利于烟梗吸水。一般通过调节水泵电机转速和刮板电机频率来改变水流速度，在保证烟梗不漂浮的前提下，尽量降低水速。此外，如果水位过高，水流波纹状不明显，烟梗在经过槽体时无法受到底槽的撞击作用，不利于提高烟梗的洗净率。

②水温。适当提升水温，有利于增大烟梗表面亲水性物质的溶解度，削弱烟梗表面的屏障作用，增加水分子的动能，加快水分向烟梗内部的扩散速度。水温升高，有利于循环水中的糖分、烟碱和果胶类物质浓度的增加。一般生产 3 h 左右就需要更换一次循环水。

③滤水网带有关参数。滤网提升带电机频率和提升皮带上的轻吹压缩空气开度会影响贮后烟梗的含水率。烟梗在网带上滤水时间越长，轻吹压缩空气开度越大，烟梗表面的水越少，则贮梗的含水率越低。但是，降低皮带速度或减少轻吹压缩空气压力，烟梗表面会有大量的水被带入后端的贮柜分配行车和布料小车，易造成设备故障。

目前，部分烟草企业开始使用压力润梗工艺。压力润梗是通过密闭气锁将烟梗持续送入螺旋输送机内，向螺旋输送机通入蒸汽，并保持适当的压力和温度，对烟梗进行增温、增湿。压力润梗工艺可以缩短烟梗透水的时间，保证烟梗浸渍的内外水分一致，从而减少梗条贮存工序，简化工艺流程。由于压力润梗工艺不能大幅度增加含水率，一般设置在水洗梗工序之后。

（2）压梗、切梗。切丝设备主要由进料口、振动喂料小车、上排链、下排链和刀门装置等组成，如图 4-4 所示。

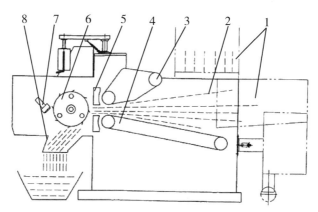

1—进料口；2—振动喂料小车轨迹；3—上排链；4—下排链；
5—刀门装置；6—刀辊；7—磨刀砂轮；8—下料斗。

图4-4　切丝设备结构

目前，压梗、切梗采用的是厚压薄切、热压冷切的加工工艺。厚压和热压的目的在于疏松烟梗组织，防止烟梗纤维组织细胞结构在压梗过程中受到破坏，影响梗丝的膨胀效果。薄切和冷切的目的在于保证切丝质量和满足梗丝膨胀要求。切丝宽度应根据烟梗的预膨胀效果来选择，预膨胀效果较好的梗条，切丝宽度可以适当增大；反之，切丝宽度应适当减小。

压梗、切梗的主要目的是改变烟梗的形状。不压梗的梗丝质量较好，梗签和梗块较少，整丝率和填充性较高，但不压梗的梗丝呈片状，且在叶丝混配时与叶丝的形状、色泽差异较大。压梗后的梗丝呈丝状，与叶丝的形状和色泽一致。

近年来，各卷烟企业注重高档卷烟、中（细）支卷烟的生产加工。研究证明，在高档卷烟、中（细）支卷烟里掺兑适量的梗丝，可以改善烟支的燃烧状况，充分发挥叶丝中的香气，但要求掺兑的梗丝与叶丝在物理形状方面相互兼容，使用传统制梗丝方法加工的梗丝，其片状较多，难以满足工艺需求。随着卷烟结构的不断改进及中（细）支卷烟持续快速的发展，梗丝在高档及细支卷烟中的应用问题是行业亟待攻克的课题。为了充分满足高档卷烟、中（细）支卷烟对丝状梗丝的需求，许多卷烟企业正在研制丝状梗丝的加工方法。研究基于高档卷烟、中（细）支卷烟对梗丝质量和形态的需求，重点围绕梗丝在卷烟加工生产中存在的问题，寻找梗丝成丝的最佳方法。丝状梗丝的优势主要体现在以下两个方面：

①提升卷烟感官质量。在高档卷烟、中（细）支卷烟里掺兑适量的梗丝，可

以提升卷烟的感官质量，这在行业内具有普遍的共识。据专家分析，由于高档卷烟的烟丝均为叶丝，叶丝的填充性较低，不能很好地形成骨架并撑起烟纸，当人们抽吸卷烟时，大部分空气会从叶丝与烟纸之间的缝隙通过，而从叶丝中穿过的空气则较少，造成卷烟没有达到最佳的燃烧状态，因此尽管高档卷烟的烟叶原料好，但却不能充分发挥作用。通过掺兑适量的梗丝，可以解决以上问题，达到提升卷烟感官质量的目的。

②降低卷烟成本。目前，大多数卷烟企业在高档卷烟里掺兑梗丝的比例为5%左右，中（细）支卷烟梗丝掺兑量更少。若按5%的掺兑量计算，1箱卷烟可节省100元左右的原料成本，如果一年生产10万箱卷烟，则净利润增加1 000万元。

目前在现有的梗线设备布局下，梗丝成丝法主要有盘磨式成丝法、复切成丝法和定宽辊切成丝法。

①盘磨式成丝法。该方法是将烟梗加湿后经盘磨或压磨处理，再膨化或干燥，制成盘磨梗丝，然后将盘磨梗丝添加到卷烟中。该方法操作简单、效率高，但梗丝形状不均匀、色泽较深且梗丝之间相互缠绕、结团的现象严重。

②复切成丝法。该方法是先将贮后的烟梗在传统切梗丝机上切至一定的厚度，然后再用传统切叶丝机切至一定的宽度，最后进行干燥膨胀成丝状或条状梗丝的方法。利用该方法加工的梗丝，品质一致性好，物理特性更接近叶丝，感官品质和填充性高，叶丝掺兑的均匀性、稳定性及掺兑比例得到提升。由于将第一次切成一定厚度的梗片进行第二次切丝，会有一定量的梗片漏切，且经过干燥膨胀，影响成丝效果。

③定宽辊切成丝法。该方法采用类似辊压法薄片的切丝方式，在梗丝生产完成后、进入贮梗丝柜前进行一次切丝，用定宽刀辊对成品梗丝进行剪切，可形成宽度完全一致的丝状梗丝。这种方法对切梗丝机要求较高，且出丝率较低，但切后梗丝成丝的效果较好。由于切刀是由很多相同宽度的刀片组成的模具剪刀，当成品梗丝经过模具剪刀时，形成与刀片宽度一致的丝状梗丝。这种方法是把刀辊做成模具形式，刀片的宽度决定梗丝的宽度，经该方法加工的丝状梗丝更能满足工艺需求。

（3）膨胀干燥。

膨胀干燥的主要任务是使梗丝脱去多余的水分，同时达到膨胀的效果。烟草行业原来主要采用隧道式烘梗丝机和气流式烘梗丝机，由于隧道式烘梗丝机和气流式烘梗丝机脱水速度较快，烘梗后梗丝进一步膨胀，梗丝填充性得到提高。随着对梗丝的形状要求逐渐转向丝状梗丝，一些烟草企业在技术改进后逐渐开始使用滚筒式烘梗丝机。由于烘梗丝的处理主要追求出口含水率，同时去除部分木质气，因此烘梗丝机在工艺上对工艺气体温度和筒壁温度不做精细化要求，一般采用强度较大的烘干模式。影响烘梗丝质量的主要因素有以下方面：

①切梗丝厚度及均匀性。切梗丝厚度影响膨胀和烘梗丝的效果，太厚的梗丝难以充分膨胀和脱水，太薄的梗丝在膨胀过程中容易撕裂，导致整丝率下降，含末率增加。在切梗丝环节应进一步提升梗丝厚度的均匀性，才能避免烘后梗丝含水率分层的现象。降低梗丝厚度的标准偏差，是保证烘后梗丝质量的重要条件。

②梗丝膨胀的温度和含水率。梗丝膨胀率随着含水率和膨胀温度的增加而增加，其中提高膨胀温度的作用更明显。提高梗丝膨胀效果的关键在于提高膨胀温度，在梗丝膨胀过程中，温度起决定作用，含水率则主要是用来调节干燥过程的强度。

③干燥方式和干燥速度。隧道式烘梗丝机和气流式烘梗丝机主要采用高对流干燥方式，滚筒式烘梗丝机主要采用传导干燥方式。不同的干燥方式会影响梗丝的填充性及出口含水率的标准偏差。如果追求较高填充性的梗丝，则选择高对流干燥的烘丝机；如果追求丝状梗的效果，则选择传导干燥的烘丝机。由于滚筒式烘梗丝机经过长时间的翻滚，梗丝不会出现出口含水率分层的现象，而隧道式烘梗丝机和气流式烘梗丝机则会出现明显的分层现象。气流式烘梗丝机的结构如图4-5所示。

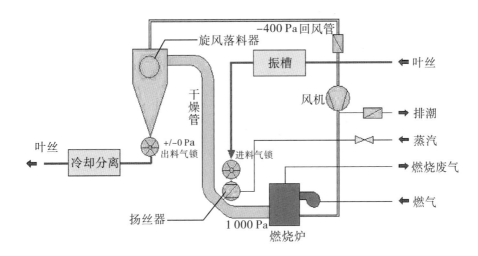

图4-5 气流式烘梗丝机的结构

4.1.4 梗丝加工新工艺

随着烟草行业整体规格价类的提升和结构的调整，以及中（细）支卷烟逐渐被市场接受和认可，烟草行业对梗丝的加工要求越来越高，对梗丝的加工也越来越深入。目前，梗丝加工的新工艺主要有再造梗丝、微波膨化梗条丝。

（1）再造梗丝。

再造梗丝是一种丝状的梗丝，形状与常规叶丝非常相似。再造梗丝与传统梗丝相比，具有木质气小、余味干净、舒适性好的特点。通过剔除烟梗中的不良物质，并置换回填对吸味有帮助的成分，使梗丝既能保持较好的填充性，又不影响烟气品质，甚至可以提升烟气品质。再造梗丝的技术原理是将切后梗丝用水连续地浸泡，提取、去除梗丝中的不良物质，形成成分"空白"的梗丝。然后经过挤干、脱水，再组分回填（加料回填），添加改善梗丝吸味或不同品类、不同风格的料液，使梗丝符合配方设计的需求。最后进行梗丝烘丝，使之符合叶丝掺兑、卷烟卷制的要求。再造梗丝的技术原理有两个重点环节，一是连续浸泡提取的设计，以连续水溶提取方式，去除烟梗中原有的亚硝酸盐、长链脂类等不良物质，同时最大限度地保留梗丝的完整性；二是组分回填设计，使用特定的回填装置，将改善梗丝吸味或不同风格的料液回填到浸泡后的梗丝中，使梗丝组分满足不同风格需求的卷烟产品加工要求。

再造梗丝是一种全新的梗丝加工工艺，实现了梗丝的形变、色变和质变，使梗丝与叶丝更相似，且通过回填加料弥补内在质量，再进行个性化的加料处理。但是，再造梗丝生产线需要对梗线设备进行大规模调整，且出丝率较低，对污水处理能力要求很高。再造梗丝生产线的具体工艺流程如图4-6所示。

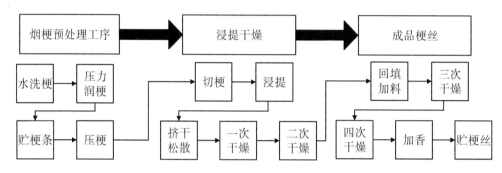

图4-6　再造梗丝生产线的具体工艺流程

（2）微波膨化梗条丝。

微波膨化梗条丝是一种全新的梗处理工艺，具有国际领先的技术水平，目前已在行业内得到初步应用，效果很好。微波是一种高频率电磁波，具有波动性、高频性、热特性和非热特性四大基本特性。微波的基本性质通常呈现穿透、反射和吸收3个特性。微波对介质材料进行瞬时加热升温，且升温速度快。此外，微波的输出功率随时可调，介质温度升高可无惰性的随之改变，不存在"余热"现象，极有利于精确控制和连续化生产。由于微波比其他用于辐射加热的电磁波如红外线、远红外线等波长更长，因此微波具有较好的穿透性。微波透入介质时，由于介质损耗引起介质温度的升高，使介质材料内、外部几乎同时加热升温，形成体热源状态，大大缩短了常规加热中的热传导时间，且在条件为介质损耗因数与介质温度呈负相关关系时，物料内外加热均匀一致。由于烟梗的物理结构呈蜂窝状的断面管束纤维结构，外皮致密，当快速加热使烟梗水分蒸发时，因其外皮的约束作用，致使烟梗内部蒸汽压力升高，使纤维管束膨大，宏观表现为烟梗的整体膨胀。微波膨化梗条丝就是利用以上原理，以微波作为能量源，利用微波内外同步加热的特性，将烟梗膨胀并制成一种丝状的新型烟梗加工工艺技术。

国内研究结果表现，通过微波膨化梗条丝技术生产的梗丝具有以下优点：

①梗丝的物理形状较好。由微波膨化梗条丝生产线生产的梗丝，其物理形状基本为丝状梗丝，而目前国内大部分卷烟企业生产的梗丝多为片状梗丝。丝状梗丝的应用可提高梗丝在卷烟中分布的均匀性，有利于提高卷烟的感官质量。试验表明，采用微波膨化梗条丝生产线生产的梗丝卷烟，梗丝分布均匀，其密度标准偏差比普通梗丝低 1.245 mg/cm³。

②梗丝的感官质量较好。通过专业技术人员的评吸，微波膨化梗条丝生产线生产的梗丝与传统生产线生产的梗丝相比，具有木质气小、杂气低、余味干净、口腔舒适性好等优点，可应用到高档卷烟产品中。

③梗丝的填充性较好。由微波膨化梗条丝生产线生产的梗丝，其填充性可达 6 ～ 8 cm³/g，如按掺兑 15% 的微波膨化梗条丝生产线生产的梗丝，与传统生产线生产的梗丝相比，20 支卷烟可降低叶丝用量 0.4 g，单箱耗丝可降低 1 kg。

微波膨化梗条丝生产线可分为介质微波梗膨化工序和梗条丝制备工序。介质微波梗膨化工艺是将一定规格的复烤原梗进行抗焦化酶处理后，采用微波、加热介质共同作用的方式，使烟梗膨胀。介质微波梗膨化工序的工艺流程如图 4-7 所示。

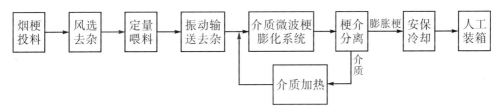

图4-7　介质微波梗膨化工序的工艺流程

经过介质微波梗膨化工序处理的膨胀梗条贮存 40 天后，进入梗条丝制备工序。首先经过回潮工艺，将膨胀梗条回潮，使梗条的含水率在 30% 左右，然后两次经过切丝机，先将梗条切成片，再切成丝，并将梗丝添加生物酶后进行微波干燥，使梗丝的含水率在 8% ～ 10%，最后经过回潮加香，使梗丝的含水率达到 12% 左右。梗条丝制备工序的工艺流程如图 4-8 所示。

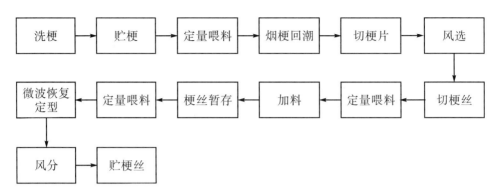

图4-8　梗条丝制备工序的工艺流程

在梗丝新工艺研究过程中，产生一种颗粒状梗丝膨胀技术。颗粒状梗丝膨胀技术是将梗条加工成短梗，利用微波或高温、高压蒸汽对短梗进行膨胀加工，再将膨胀后的梗条打碎成颗粒状。颗粒状梗丝的膨胀率远远大于传统工艺制成的梗丝膨胀率。运用该技术生产的颗粒状梗丝木质气味小，应用于卷烟配方，可以提高卷烟产品的燃烧性和烟支密度，有效地降低卷烟烟气中的焦油。但是，由于颗粒状梗丝的形状与叶丝截然不同，与叶丝混配时不均匀，因此在配方设计中不使用颗粒状梗丝。目前，颗粒状梗丝作为一种烟气吸附剂运用在滤棒成型中。

4.2　生产流程与设备

烟梗加工的主要目的有两个，一是提高烟草原料的利用率，减少浪费，降低生产成本；二是发挥梗丝较强的支撑作用，增加叶丝的填充性和燃吸时空气的透过量，以降低消耗，提高烟支的燃烧性。因此，在烟梗加工的过程中，尽量选择减少木质气、提升梗丝填充性的工艺流程和主机设备。根据烟梗物理形状的变化、加工对象和加工性质的不同，烟梗加工主要分为烟梗预处理和制梗丝两大部分。

4.2.1　工艺流程

烟梗预处理的任务是使烟梗润透，为制梗丝中的切梗服务。烟梗预处理主要包括洗梗、润梗、贮梗和压梗等。制梗丝的任务是将烟梗制成梗丝，并烘干至适宜的含水率，达到预设的低木质气、高填充性的目的。制梗丝主要包括切梗、加料、膨胀干燥、贮梗丝等。制梗丝的工艺流程如图 4-9 所示。

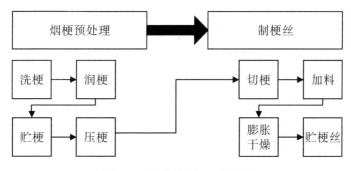

图4-9　制梗丝的工艺流程

4.2.2　主机设备

主机设备选型应以满足工序任务为前提，以生产线能力为基准，以满足工艺任务和工艺参数为目的，确定主机设备类型和型号。在制梗丝设备选型中，应满足梗丝的洗梗、润梗、压梗、切梗、加料、膨胀干燥等工序的工艺需求。

（1）洗梗设备。

洗梗工序普遍使用的设备为水槽式洗梗机。烟梗经过定量喂料后从水槽式洗梗机的进料斗进入水槽，在波纹状的水流中漂洗和浸润，烟梗上的尘土和泥沙溶于水中，石块、金属等硬物沉入水槽底部。离开水槽后的烟梗被滤水提升网带提升，从出料斗输出。被滤水提升网带排出的水经过接水盘后流入接水斗。水泵将水箱中的水抽到料斗处后再循环使用，水的流量和流速由水泵的变频器控制。保温系统将水加热到设定温度，并将水的温度设定为恒温。

水槽式洗梗机可根据烟梗通过设备的时间，分为水洗梗机和水浸梗机。水洗梗机的结构如图 4-10 所示。水洗梗机的洗梗槽体为波浪式结构，烟梗水洗的时间为 5 ～ 8 s，时间短且较难调节，洗后烟梗的含水率主要通过滤水网上配置的轻吹水装置进行粗调。水浸梗机的洗梗槽体为波浪式"U"形槽结构，烟梗水洗的时间为 20 ～ 120 s，时间可调，烟梗的含水率为 32% ～ 35%，含水率可调。

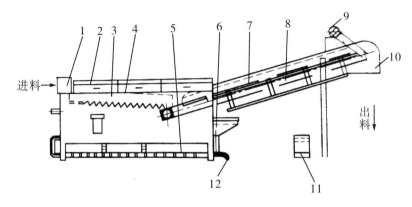

1—进料斗；2—水箱盖；3—水槽；4—水箱；5—排水系统；6—接水斗；
7—滤水提升网带；8—接水盘；9—调速电机；10—出料斗；11—电控柜；12—下水口。

图4-10　水洗梗机的结构

（2）润梗设备。

润梗设备主要有滚筒式烟梗回潮机、隧道式烟梗回潮机和刮板式烟梗回潮机等。通过饱和蒸汽压力，水分渗透到烟梗组织细胞中，使烟梗的纤维组织充分、均匀地吸收水分，产生湿涨效应，同时增加烟梗的温度和含水率。

①滚筒式烟梗回潮机（TB-K3000 型）。烟梗进入筒体后，随着滚筒同步转动并抛洒。筒壁装配特殊设计的抄板为烟梗提供翻滚动力。在滚筒入口端配置蒸汽喷嘴、水汽混合喷嘴，用于施加水及饱和蒸汽；压缩空气喷嘴用于尾料阶段轻吹物料，减少"拖尾"现象。蒸汽喷嘴一般不直接喷物料，通常采用补偿蒸汽模式，将蒸汽补偿到循环风管路，在避免物料被高温蒸汽直喷灼伤的同时，进一步保证烟梗温度的稳定。由于梗条的特性，其含水率不能被在线水分仪精准测定，因而采用固定加水模式进行加水。TB-K3000 型滚筒式烟梗回潮机的工作原理如图 4-11 所示。

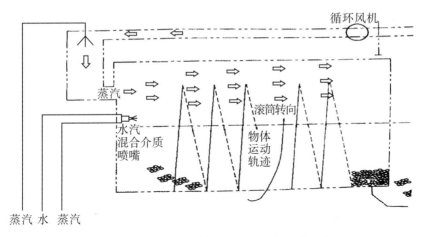

图4-11 TB-K3000型滚筒式烟梗回潮机的工作原理

②隧道式烟梗回潮机。烟梗进入隧道振槽，隧道入口上方的水喷嘴顺着烟梗流动方向将水雾从喷射孔向上喷出，使烟梗呈悬浮状增温、增湿。润梗隧道呈半封闭状态，隧道内溢出的蒸汽由隧道入口和出口处的排气罩及排气管排出室外。增温、增湿的效果主要由蒸汽压力来决定。隧道式烟梗回潮机的结构如图4-12所示。

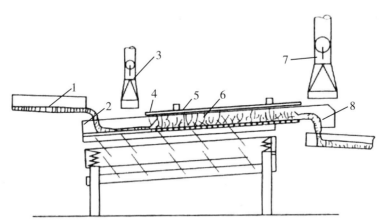

1—喂料口；2—隧道振槽；3、7—排气管；4—水喷嘴；5—隧道盖板；6—喷射孔；8—出料口。

图4-12 隧道式烟梗回潮机的结构

③刮板式烟梗回潮机。机体为"U"形密封槽体，并倾斜固定在机架上，便于冷凝水的排出。槽体内有旋转主轴，主轴上装配有螺旋片。随着主轴和螺旋片的旋转，推动烟梗前进。槽体前端设有密布气孔的蒸汽喷管，用于对烟梗进行增

湿、增温。刮板式烟梗回潮机的结构如图 4-13 所示。

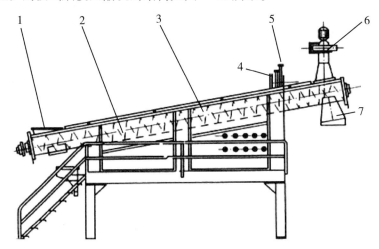

1—进料口；2—螺旋片；3—槽体；4—清洗水进口；5—蒸汽进口；6—排汽风机；7—出料口。

图4-13　刮板式烟梗回潮机的结构

压力润梗设备在刮板式烟梗回潮机的基础上进行优化而成，且区别于刮板式烟梗回潮机，主要表现在以下方面：一是压力润梗设备平行于地面安装，采用双层增压腔体使梗、水分离，实现蒸汽蒸梗；二是在压力润梗设备的入口端和出口端均采用密封式气锁，提高槽体内的压力，实现高压力下的蒸梗、润梗。

（3）压梗设备。

压梗是梗丝加工工艺的重要环节，既反映前工序加水润透的效果，又决定梗丝形状变化的方向。梗丝的结构和形状均与压梗的效果有密切关系，是梗丝成丝工艺中最重要的一环。压梗设备使用两个压辊挤压烟梗，压梗的厚度即是两个压辊之间的宽度，适宜的压梗厚度可以达到疏松烟梗组织结构的目的。IB-F3000型压梗机的压梗间隙可由控制面板设定，压辊间隙为 0.8 ～ 1.5 mm，可调，减少人工调节的烦琐。压辊可以被蒸汽或水雾化喷嘴加湿，从而进一步清洁压辊，保障压梗的质量。压梗设备如图 4-14 所示。

图4-14 压梗设备

造成压梗质量不佳、压梗厚度不均匀的原因有以下方面：①压辊表面凹凸不平，或有附着物。通过清洁并定期检查压辊的磨损程度，必要时对压辊进行研磨。②烟梗流量过大，压梗设备前后流量不匹配。压梗的厚度不同，对应的压梗设备的额定流量会发生变化。在设置工艺参数时，应严格控制烟梗流量，烟梗流量宜小于额定流量。③进料振槽上烟梗分布不均匀，部分烟梗聚集在一处被相互挤压，这是造成压梗厚度不均匀的最主要原因。进料振槽上烟梗的分布决定了压梗质量及压辊的使用寿命，必须在进料振槽上添加导流板，并优化导流板的设计。

（4）切梗设备。

切梗是指把烟梗切成符合工艺宽度要求的合格梗丝，切后梗丝的宽度为0.1～0.3 mm，可调。来料梗条的含水率在32.5%～34.5%为宜，来料水分多，刀门的夹持力下降，易出现跑梗；来料水分少，烟梗过硬，压不实，也易出现跑梗。来料要求梗条润透，用手抓来料烟梗，感觉柔软，撕开较粗的梗条，中心无白心现象。因为梗条比烟叶的压缩性差，所以切梗机的刀门压力应设置较高。低刀门压力会造成夹持力不足而跑梗，高刀门压力会造成滑刀和填充性下降。切梗设备如图 4-15 所示。切后梗丝不应有跑梗、梗丝厚度不均匀的现象。用手抓梗丝，无扎手感，梗丝内无硬质梗头，梗丝轻质、蓬松和柔软。当出现跑梗、梗丝厚度不均匀的现象，应排查来料及铜排链。

图4-15　切梗设备（SD5-EVO）

切梗采用的是薄切和冷切。薄切是目前梗丝膨胀工艺必须采用的首要条件，因为梗丝在厚度为 0.10 ~ 0.18 mm 的条件下，既能使水分容易渗透到梗丝组织中，又能使梗丝内的水分迅速蒸发，增强梗丝的膨胀效果。冷切的目的是由于在烟梗温度过高、水分较大的前提下，烟梗表面的胶质会产生粘刀现象，导致切后梗丝不成形，粘连不松散。切梗的温度应控制在 45 ℃ 以下，一般压梗后使其自然冷却，并达到切梗温度的工艺要求。

（5）梗丝加料设备。

梗丝加料是指按一定比例准确、均匀地对切后的梗丝施加料液，同时适当提高梗丝的温度和含水率。梗丝加料设备包括喂料系统、加料系统和滚筒松散系统，如图 4-16 所示。喂料系统由喂料机、定量管和皮带秤组成，喂料机低带电机频率应与陡角皮带电机频率优化调整为最佳匹配状态，避免梗丝翻滚缠绕结成小球，致使梗丝膨胀干燥后出现较多湿团。筒壁装配有抄板，抄板可以提供烟梗翻滚的动力，使用带松散能力的锯齿形抄板效果更佳。

图4-16 梗丝加料设备

在进料端设置料液喷嘴，喷嘴位置宜在入口筒壁的右上方（从筒的出口看，筒按顺时针方向转动，下同）；料液喷嘴高度宜高于水喷嘴高度，尽量减少料液雾化面与水雾化面的重叠；料液应正方向斜对着抛洒物料喷射，喷射距离宜至筒体物料入口 1/3 位置为佳；设置适宜的滚筒转速，保证物料主要在筒中央垂直方向抛落；料液喷射角度宜向筒的左下方喷射；雾化效果以料液喷射后距离喷嘴 30 ～ 50 cm、无明显液滴为佳。

（6）膨胀干燥设备。

梗丝膨胀是指梗丝经过一个相对密闭的空间内，对梗丝施加较大强度的蒸汽进行高温、高湿处理，从而增加梗丝的温度和水分，提升梗丝的卷曲度和填充性。梗丝膨胀设备根据种类可分为隧道振槽式梗丝膨胀设备（HT）和文氏管闪蒸式梗丝膨胀设备（STS）。

梗丝干燥是指去除梗丝中的部分水分，使梗丝定型，同时提高梗丝的弹性、燃烧性。梗丝干燥设备根据种类可分为隧道振槽式梗丝干燥设备（FBD）、气流式梗丝干燥设备（HDT）和滚筒式梗丝干燥设备（KLK）。

常见的梗丝膨胀干燥设备有"HT+KLK""STS+FBD"和 HDT（进料气锁为SIROX）。这 3 种设备在梗丝膨胀干燥过程中填充值测定结果见表 4-9。从表中可以看出，梗丝填充性的增加主要在膨胀设备中，在高温、高湿条件下发生湿涨。梗丝干燥阶段主要是对膨胀梗丝的定型，填充值减少。膨胀干燥设备组合的选择，主要与梗丝形状的要求有关，追求丝状梗（与叶丝接近）则可选取"HT+KLK"模式，追求片状梗（填充性）则可选取"STS+FBD"模式。

表 4-9　梗丝填充值测定结果

单位：cm³/g

设备	膨胀前的填充值	膨胀后的填充值	干燥后的填充值
HT+KLK	3.72	4.86	4.63
STS+FBD	3.65	5.28	5.13
HDT	3.62	—	4.98

注：
（1）使用 $3 \times (9.80\,\text{N} \pm 0.10\,\text{N})$ 的均匀压力。
（2）压梗厚度为 0.80 mm，切梗丝厚度为 0.10 mm。
（3）填充值均为梗丝平衡至含水率为 12% 时的检测数据。

① HAUNI 式的"HT+KLK"模式。梗丝进入 HT 隧道内，在机械振动与饱和蒸汽的喷射作用下被托起，梗丝处于悬浮状态。蒸汽对梗丝进行全方位地增湿和传热，梗丝与饱和蒸汽的接触主要在梗丝的底部，易造成水分分层。梗丝一方面不断吸湿、增温，另一方面不断蒸发、汽化，从而使梗丝的体积不断增大。

膨胀后的梗丝进入烘梗丝机，与筒壁及高温热气流接触，从而进行传导干燥和对流干燥。在烘梗丝机前端，梗丝的水分迅速蒸发，梗丝水分蒸发所产生的拉力远远大于梗丝失去水分产生的收缩应力，因此梗丝会进一步膨胀。随着梗丝向烘梗丝机出口端运动，水分蒸发迅速减慢，两种作用力的大小发生变化，从而使梗丝在慢速脱水和水分平衡阶段产生一定的收缩和变形。梗丝在开始脱水阶段以对流干燥为主，中后段以传导干燥为主。

由于梗丝通过 HT 需要 30～45 s，通过烘梗丝机需要 2～5 min，耗时较长，且增温、增湿与干燥阶段相对缓慢，成品梗丝膨胀效果相对较差，但更易保持切梗丝时的形状，因此梗丝成丝工艺多选择"HT+KLK"模式。KLK 中的 KL 系列烘梗丝机的结构如图 4-17 所示。

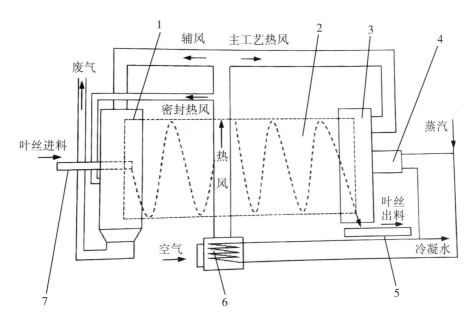

1—前室；2—滚筒；3—后室；4—旋转接头；5—出料振槽；6—热风系统；7—进料振槽。

图4-17　KL系列烘梗丝机的结构

②DICKINSON式的"STS+FBD"模式。STS的主要特点是梗丝随高温气流进入压缩喉管内，经过增温、增湿后，吹入文氏管扩管内。梗丝在喷出文氏管时，由于高速、高温和高压的突然变化以及与文氏管两层夹套的干热空气相接触，梗丝内的水分子以瞬间爆炸的方式脱离出来，梗丝急剧膨胀，从而达到高膨胀率的效果。FBD的原理与HT基本一致，梗丝通过机械振动与高温热气流的喷射作用，主要以高温热气流的对流干燥脱水为主。高温热气流的喷射分为上吹式和下吹式两种方式。上吹式时梗丝被托起而处于悬浮状态，下吹式时梗丝紧贴振槽运动。无论是上吹式，还是下吹式，FBD的烘梗丝方式均会导致梗丝含水率的严重分层。FBD的实物如图4-18所示。

由于梗丝通过STS属于闪蒸，耗时约0.01 s，通过烘梗丝机需要1～2 min，成品梗丝膨胀效果相对较好，梗丝膨胀干燥后主要呈片状，梗丝的填充性最强。

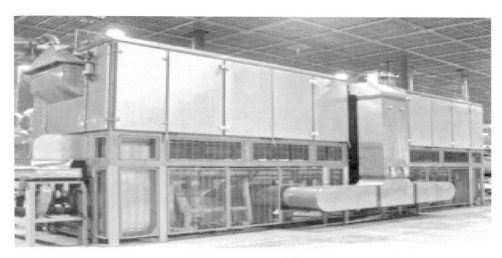

图4-18　FBD实物

③入料气锁为 SIROX 的 HDT 模式。HDT 的特点主要包括中等加工强度、低能耗、占地面积较小、设备高度较低，以及对厂房建设无特殊的要求，且调试好的设备操作简单，可以实现自动控制，出口叶丝的含水率均匀性好、含水率偏低、过程控制稳定。HDT 采用膨胀与干燥一体，入料气锁为 SIROX。梗丝通过 SIROX 的时间为 2 ～ 3 s，通过烘梗丝机的时间为 10 ～ 12 s。梗丝通过快速膨胀可以实现快速脱水，达到提升填充性的目的。

HDT 主要通过高温热气流吹动梗丝进行螺旋状悬浮运动，通过对流干燥进行脱水。在烘梗丝过程中，入口物料工艺流量和工艺气体温度能快速调节出口含水率。由于 HDT 具有热惯性，只能通过入口物料工艺流量进行快速调节。前后馈组合控制是指在常规后馈控制的基础上，增加前馈控制，前馈与后馈各是一套独立的控制系统。前馈控制系统采用计算固定脱水量的方式，根据物料入口含水率的波动自主计算，通过物料工艺流量进行调节。后馈控制系统以出口水分仪作为主控制设备，通过实测含水率与目标含水率的差异，折算所需的工艺气体温度，再通过自动调节燃烧炉的输出功率，使工艺气体的温度达到折算值。

HDT 烘梗丝，梗丝的填充性和梗丝的形状介于其他膨胀干燥方式之间，其形状主要受压梗和切梗强度的影响。HDT 实物如图 4-19 所示。

图4-19　HDT实物

4.3　生产操作规程

在烟梗预处理工序和制梗丝工序各层级的操作、工艺等方面，对各工序的生产任务、工艺要求不同，以及对生产前、生产中和生产后的工艺质量相关管控工作及要求的重点也不同。

4.3.1　烟梗预处理

烟梗预处理工序包括水洗梗、烟梗回潮两个工艺段。麻包烟梗通过解包机投料，纸箱烟梗通过人工投料。烟梗通过斜坡喂料机送入筛梗筒，由筛梗筒将不符合工艺要求的粉末和梗头筛出，符合工艺要求的烟梗经皮带输送机送入喂料仓，然后通过计量管、电子皮带秤将物料均匀、定量地送入洗梗机增温、增湿。通过压缩空气和网带输送机将洗后烟梗表面的部分水分去除，烟梗通过皮带传输机和输送通道进入贮梗柜进行一级贮梗，在一级贮梗柜中烟梗水分得以吸收和平衡。烟梗经过洗梗工序后吸收一定的水分，但其柔软性和耐加工性仍未能满足切梗丝机的要求，因此需对烟梗进行再次增温、增湿处理，进一步提高烟梗的柔软性和耐加工性。烟梗从一级贮梗柜中以一定的流量输出，通过振槽、皮带传输机等输送通道送入光电除杂机，去除烟梗中的麻丝、化纤、杂草等杂质，经计量管和计量带对烟梗进行流量控制后，恒定流量的烟梗进入一级蒸梗筒进行增温、增湿处理，处理后的烟梗经由振槽、皮带传输机等输送设备进入二级贮梗柜贮存，以备制梗丝使用。

（1）生产前的准备工作。

①查看交接班记录和上一班生产及设备运行情况，有无未处理完成的生产或未处理的设备故障，若有未处理完成的生产或未处理的设备故障，须通知相关维修人员进行处理。

②现场检查及核对一级、二级贮梗柜烟梗的结存情况和空柜的清洁情况。

③现场检查生产设备，特别是主机设备的保养情况，对不合格的设备应进行记录和反映，并立即整改，待设备检查合格后才可进行后续工作。

④查看电控柜、设备及本地控制开关上有无维修警示，是否有人在进行维修保养工作，若有人正在维修保养工作，须查明原因，待维修保养工作完成后才可进行后续工作。

⑤将电控柜通电，开启现场操作站电脑，输入登录密码，进入流程图画面。若操作画面出现报警信息，应根据报警信息的提示逐一排查，直至正常。

⑥开启蒸汽、压缩空气、水总阀，检查汽源、气源、水源压力是否满足设备运行要求，检查管路上各阀门（手动阀）的开关情况，有无损坏，有无跑、冒、滴、漏等现象，检查管路上各仪表、减压阀值是否已调到规定数值。

⑦了解投料工序的准备工作情况，做好连线投料生产运行准备。进入投料生产前应掌握当班生产的牌号、数量和顺序。

⑧确认来料烟梗状况（如年份、产地、数量等）符合产品配方规定和生产要求。来料中应无霉烂、变质的烟梗，无金属、石块、橡胶和塑料等非烟梗杂质。

因洗梗后烟梗表面水分较多，一级贮梗时间达到工艺要求后，再用标准检测仪器对烟梗的含水率进行人工检测。洗梗后烟梗的温度以洗梗机水温检测为参照，利用标准检测仪器进行人工定时检测。第一次蒸制后的烟梗水分、温度以在线检测仪器的检测为主，标准检测仪器人工定时检测和不定时手感检测为辅。二级贮梗出料水分使用标准检测仪器进行人工抽样检测。

⑨适时检查仪器仪表、在线检测设备是否灵敏、可靠，检查检测设备标识是否在有效期内，若发现不合格检测设备，应及时向计量专业人员反馈并进行处理。

（2）生产过程。

①水洗梗。将水洗梗的准备工作情况通知中控室和投料工序相关人员。若设备不具备启动条件的，应说明具体原因；若设备已具备启动条件的，应通知中控室启动本工序。根据烟梗工艺要求向水洗槽放水。通知中控室启动水洗梗预热，预热至烟梗工艺要求的温度，并检查设备运行状态有无异常。待中控室启动本工序设备完成后，应使设备空机运行，检查设备的运行情况是否符合生产运行要求，核对各参数设置是否符合工艺要求。与投料工序相关人员核对中控室下达的调度指令（牌号和批次代码）及即将投入生产的梗料是否与生产安排相符，选柜是否合适，若与生产安排相符且选柜合适，则可进入投料生产，若与生产安排不符合且选柜不合适，则须整改至符合要求后才可投料生产。通知投梗人员投梗，并监测喂料机的喂料情况，避免断料和堵塞；查看振槽、皮带送料状态，避免堵料。严格执行安全生产操作规程，注意巡回检查本工序设备的运行状况，保持与投料工序相关人员、中控室的联系。观察洗梗机槽体内水质的变化，一般情况下每两批更换一次清洗水，在槽体注水时适时换水，换水时，打开水阀，观察水位，水位至高料位时停止注水。更换牌号生产时应注意保持一定的时间间隔，做好下一批投料生产的准备工作，等待中控室调度指令的下达。当设备出现故障或其他意外事故时，应立即将本地开关断开，悬挂警示标牌，将情况告知中控室、投料工序相关人员，通知相关人员进行检查处理。当故障或事故处理完毕后，取下警示标牌，并及时通知中控室、投料工序相关人员。在正常生产过程中须停机保养或维修时，应将相应情况告知中控室，并将本地开关断开，悬挂警示标牌，工作完成后再取下警示标牌。

②烟梗回潮。将烟梗回潮准备工作情况通知中控室。若设备不具备启动条件，应说明具体原因；若设备已具备启动条件，应通知中控室启动本工序。设备须空机运行，并检查设备运行情况是否符合生产要求。进入操作画面，核对各参数设置是否符合工艺要求，核对中控室下达的调度指令（牌号和批次代码）及即将投入生产的梗料是否与生产安排相符，选柜是否合适，若与生产安排相符且选柜合适，可进入投料生产，若与生产安排不相符且选柜不合适，则须整改至符合要求后才可投料生产。待一级贮梗柜开始出料时，应监测贮梗柜的出料情况及喂料机的喂料情况，直至烟梗流量、烟梗回潮质量符合生产工艺要求。在生产过程中应严格执行安全生产操作规程，注意巡回检查本工序设备的运行状况，保持与中控室联系，定时自检回潮后烟梗的水分和温度，经常查看回潮后烟梗的水分和温度趋势图，及时反馈本工序生产信息和质量信息。做好下一批投料生产的准备工作，等待中控室调度指令的下达。更换牌号生产时应注意保持一定的时间间隔。当设备出现故障或发生其他意外事故时，应立即断开本地开关，悬挂警示标牌，并将相关情况告知中控室，通知相关人员进行检查处理。当故障或事故处理完毕后，取下警示标牌，合上本地开关，并及时通知中控室。在正常生产过程中须停机保养或维修时，应将相关情况告知中控室，断开本地开关，并悬挂警示标牌，工作完成后再取下警示标牌，合上本地开关。

（3）生产结束的工作。

当天生产结束后，先停止设备运行，通知中控室把本工序设备状态改为"单机"。将洗梗机内的污水排出，完成本岗位其他设备的例行保养工作。待回潮机冷却到 40 ℃以下后才可停机。将电控柜断电，关闭蒸汽、水、压缩空气的总阀。

4.3.2 压梗、切梗

压梗、切梗工序由蒸梗、压梗和切梗组成。当烟梗贮存一定时间，符合工艺要求，且制梗丝工序有开机要求时，烟梗从二级贮梗柜输出。通过皮带输送机、喂料机、振槽等输送设备将烟梗输送至隧道式增温、增湿机，隧道式增温、增湿机对切前烟梗进行增温、增湿处理，使之符合制梗丝工序的工艺要求。增温、增湿后的烟梗进入压梗丝机挤压，经金属探测器检测后再进入分配振槽，可达预选的切梗丝机。切梗丝机将烟梗切成符合工艺质量要求的梗丝。

（1）生产前的准备工作。

①了解上一班生产及设备运行情况，查看有无未处理完成的生产或未处理的设备故障，若有未处理完成的生产或未处理的设备故障，须通知相关维修人员进行处理。

②现场检查设备，特别是主机设备的保养情况，对不合格的设备应进行反馈，并立即整改，待设备整改合格后才可进行后续工作。

③查看电控柜、设备及本地控制开关上有无维修警示，是否有人正在进行维修保养工作，若有人正在维修保养工作，须查明原因，待维修保养完毕后才可进行后续工作。

④将电控柜通电，开启现场操作站电脑，输入登录密码，进入流程图画面。若操作画面出现报警信息，应根据报警信息的提示逐一排查，直至正常。

⑤开启蒸汽、压缩空气、水总闸，检查汽源、气源、水源压力是否满足设备运行要求；检查管路上各阀门（手动阀）的开关情况，有无损坏，有无跑、冒、滴、漏等现象；检查管路上各仪表、减压阀值是否已调到规定数值。

⑥检查各设备是否具备启动条件，若设备不具备启动条件，应说明具体原因；若设备已具备启动条件，应通知中控室启动本工序。

⑦进入投料生产前应掌握当班生产的牌号、数量和顺序，根据生产工艺要求设置切梗牌号，并检查切梗厚度等参数。

⑧根据实际情况和生产安排选择切梗丝机，并通知中控室。

⑨启动切梗丝机前必须检查、调整刀门间隙。打开切梗丝机的压缩空气总闸，将电控柜通电；点击显示屏，进入运行画面，逐一排查显示屏上的报警提示；检查刀片和砂轮的剩余量，必要时予以更换；打开机头前方的防护门及刀辊防护门，检查刀片的使用情况；利用塞尺检查金刚石、定位规的间隙，金刚石与定位规的间隙应为 0.1 mm，用手拨转刀辊旋转数周，检查刀辊运转情况，执行每班润滑制度；检查砂轮整形器的使用、磨削情况；将防护门关闭，消除报警后移出机头，检查刀门情况，若有异常应及时向维修人员反馈；启动排链电机——减速机，使排链倒退运转数分钟，检查排链的运转情况；将机头归位，启动切梗丝机，磨刀 3 ~ 5 min，观察磨刀火花是否正常，检查砂轮的进给情况，观察整

机的运转情况；停止设备运转，打开机头，检查刀片的磨削、进给及刀片伸长长度情况，必要时，通知维修人员检修并调整至设备运行正常。

（2）生产过程。

①现场操作人员准备工作完成后，应通知中控室启动设备。

②待中控室启动本工序设备后，先将设备空机运行，然后检查各设备的运行情况是否符合生产运行要求，是否可以进入投料生产阶段。若符合生产运行要求，则可进入投料生产；若不符合生产运行要求，则须整改，直至符合要求才可投料。

③当烟梗进入振动小车且堆料到设定高度时，切梗丝机排链送料并自动切梗。

④将切出的不合格梗丝从振槽落料口排出，并在金属探测仪检测前掺回到同牌号烟梗中，同时根据工艺质量要求和实际切出梗丝的质量调整切梗的厚度，纠正偏差，使之符合梗丝干燥工序的要求。

⑤根据实际需要调节刀辊转速，直至流量符合生产要求，但不能超速、超流量生产。

⑥在生产过程中，应注意巡回检查本工序设备的运行状况，同时根据工艺质量要求和实际切出梗丝的质量适时调整切梗厚度，纠正偏差，使之符合工艺要求。

⑦压后梗丝的厚薄应保持一致，并在允差范围内，根据工艺要求，切后梗丝的厚度应均匀，梗丝不夹带梗头、梗签和杂物。若梗丝质量不符合工艺质量要求且无法调整时，应停机检查，并将不合格产品进行隔离处理。

⑧每生产一批烟梗应做好下一批投料生产的准备工作，等待中控室调度指令的下达。

⑨不同牌号的烟梗不允许混切。更换牌号生产时应将切梗丝机内剩余的烟饼退出，不同牌号的烟梗应区分清楚，且保持一定的时间间隔，等待仓式喂料机贮存仓内完全清空后才可开始生产下一牌号的梗丝，同时应与中控室保持联系。

⑩在生产过程中应严格执行安全生产操作规程，注意巡回检查各设备的运行情况，同时注意现场的整洁卫生。

⑪当设备出现故障或其他意外事故时，应立即断开本地开关，悬挂警示标牌，并将相关情况告知中控室，通知相关人员进行检查处理。

（3）生产结束的工作。

当天生产结束后，应先停止设备运行，通知中控室把本工序设备状态改为"单机"。然后将切梗丝机内的剩余烟饼退出，完成切梗丝机的例行保养工作。最后，将电控柜断电，关闭蒸汽、水、压缩空气总阀。

4.3.3　梗丝干燥

梗丝干燥工序分为梗丝加料、梗丝膨胀干燥和风选加香。切后的梗丝由仓式喂料机喂料，经过定量管输送至电子秤输送皮带机。梗丝以一定流量（流量由电子秤设定控制）经过电子秤进行计量，计量后的梗丝经输送振槽进入梗丝加料筒，加料筒根据梗丝工艺要求对物料进行加料，同时按设定的水分和温度对梗丝进行增温、增湿。加料后的梗丝经皮带输送机送入预贮梗丝柜，经过一定工艺时间的贮存后，由皮带输送机输送至仓式喂料机，由仓式喂料机喂料，再经过定量管送至电子秤，梗丝以一定流量（流量由电子秤设定控制）经过电子秤进行计量，计量后的梗丝经输送振槽送入梗丝干燥机，梗丝在梗丝干燥机中按设定的出口水分和温度去除多余的水分。干燥后的梗丝由输送振槽、皮带输送机输送至风选机内进行风选，筛除不符合工艺要求的粗梗丝、梗头，然后利用输送皮带送至贮梗丝房。

（1）生产前的准备工作。

①了解上一班生产及设备运行情况，检查有无未处理完成的生产或未处理的设备故障，若有未处理完成的生产或未处理的设备故障，须通知相关维修人员进行处理。

②现场检查设备，特别是主机设备的保养情况，对不合格的设备应向相关部门反映，并立即整改，整改合格后才可进行后续工作。

③查看电控柜、设备及本地控制开关有无维修警示，是否有人正在进行维修保养工作，若有人正在进行维修保养工作，须查明原因，待维修保养完成后才可进行后续工作。

④将电控柜通电，开启现场操作站的电脑，输入登录密码，进入流程图画面。若操作画面出现报警信息，应根据报警信息的提示逐一排查，直至正常。进

入主机状态画面和参数设置画面，检查上一班工艺参数及设备参数的设置情况。

⑤开启蒸汽、压缩空气、水总闸，检查汽源、气源、水源压力是否满足设备运行要求；检查管路各阀门（手动阀）的开关情况，如有无损坏，有无跑、冒、滴、漏等现象；检查管路各仪表、减压阀值是否已调到规定数值。

⑥检查各设备是否具备启动条件。

⑦核对叶料表，并送料到现场料罐，完成搅拌加热后，等待过料。

⑧了解前后工序、除尘房的准备工作情况，并做好连线投料生产运行的准备。

（2）生产过程。

①待加料筒预热完成，喂料机有一定存料后，应启动加料系统，选择喂料机出料，加料系统预填充完成后开始过料。

②加料开始时，手动打开补偿蒸汽，手动加水。待温度、水分接近工艺设定时，再设置为自动模式。

③排潮开度的设定一般不变，但可以根据温度和水分进行适当调整，如果温度达到工艺要求，则热风电机在加料过程中一般无须启动。

④在生产过程中应多次巡查设备运行状态，查看各环节质量情况（切出的梗丝及加料精度是否满足工艺要求；蒸汽、水喷嘴必须畅通，喷汽、喷水时不带水滴，水雾化情况是否良好；增湿、增温后梗丝水分是否均匀、松散、无结块，表面无水渍；风选后梗丝工艺质量是否符合设计要求等）。如发现异常情况，应及时停机处理，待处理完成后再重新开机。

⑤更换牌号时应通知香料厨房进行换料，清理设备后，按照以上步骤开机。

⑥待干燥机预热完成后，观察设备周围条件是否符合安全生产操作规程，各设备是否具备启动条件，贮梗丝段是否启动。如果存在异常情况，则须整改，直至符合操作规程；待贮梗丝段启动完成，即可启动全线设备；将设备空机试运行，检查各设备的运行情况是否符合生产运行要求，再次核对各参数的设置是否符合工艺要求，以及调度指令是否与即将投入生产的梗料相符。

⑦待干燥后的梗丝从输送振槽正常输出后，应监测梗丝的水分、温度、风分纯度是否符合工艺要求。

⑧在生产过程中，应注意巡回检查本工序设备的运行状况，定时检测干燥后的梗丝质量，经常查看梗丝干燥前后水分和温度的趋势图，注意保持与前后工序

和中控室的联系，及时反馈本工序的生产信息和质量信息，并做好记录。

（3）生产结束工作。

当天生产结束后，应先停止设备运行，并通知中控室把本工序设备状态改为"单机"。然后清洗梗丝加料筒，完成本岗位其他设备的例行保养工作。填写切梗加料工序生产控制记录。待梗丝干燥机完全冷却后才可停机。最后将电控柜断电，关闭蒸汽、水、压缩空气的总阀。

4.3.4　梗丝贮存

梗丝贮存是将符合工艺质量要求的梗丝由皮带输送机输送至分配车，然后再分配到布料车，通过布料车输送到贮梗丝柜贮存。当梗丝需要掺配时，梗丝从贮梗丝柜中经皮带输送机输送到梗丝掺配喂料仓。在操作过程中，应注意以下方面：①梗丝贮存高度、贮存时间应达到工艺标准要求。②同牌号的梗丝应执行"先进先出"的原则，出料应均匀、彻底。③不同牌号或批次的梗丝必须分开输送，不得混出。④出柜梗丝的水分、温度以人工定时使用检测仪器检测为主。⑤自检数据符合工艺标准应判定为达标，否则为不达标。自检不达标时，操作人员应按工艺要求对设备进行相应的调整。操作人员应具备用手来感应物料的含水率、温度的技能，质量判定时采取以在线检测仪器为主、用手感应为辅的判定模式。⑥贮梗丝柜完成进料后应对工艺通道上残留的物料进行清理，确保跟批进柜。⑦更换牌号生产时应注意梗丝批与批之间保持一定的距离，避免出现混牌、混批的情况。

4.3.5　中控

中控工序的监控模式为上位监控。上位监控是通过网络通信的方式对生产线上的设备（或生产）进行集中远程监控。中控工序的系统功能分为监视功能和控制功能。监视功能包括模拟各部分设备运行状况、工艺参数显示、报警显示和报警综合显示。控制功能包括全线或局部的启动、停止及其他操作，工艺参数的设定、修改、查询，以及分级授权管理。

利用本地开关的开断可控制某一台电机的启动或停止，但应及时复位。待生产结束后，若 PLC 电控柜 24 V 电源不被切断，本班设定的生产工艺参数和设备运行参数将会继续保留。为方便操作，建议停机时间在 24 h 内无须切断 PLC 电源。所有工序 PLC 控制系统内的比例积分微分值（PID 值）一旦被设定，操作人员不允许随意修改，若须修改，应由专业人员来执行。

中控室的操作人员应注意以下方面：①操作人员必须使用经过授权的本人用户名和密码进入系统，不允许与他人共享用户名和密码，不允许冒用他人的权限进入系统；②操作人员未经授权，不允许私自携带任何数据设备在中控室设备进行读写等操作；③操作人员未经授权，不允许私自改变系统的软件、硬件设置；④操作人员不允许在中控室设备上私自安装或测试软件、硬件。

4.4　工艺质量分析与诊断

在制丝生产环节，梗丝属于掺配使用的填充物料，梗丝的质量会影响到成品叶丝的质量，但在查找造成成品叶丝质量问题的原因时，梗丝这一因素又容易被忽略，因此充分保证梗丝质量非常重要。梗丝的质量诊断是针对制梗丝过程中容易出现的质量问题，应结合生产实际进行归纳和总结，分析产生质量问题的原因，提出解决的措施。梗丝的物理质量指标主要包括含水率、填充值、整丝率、碎丝率和纯净度。

4.4.1　烟梗预处理常见的工艺问题

（1）评价烟梗预处理效果的方法。

烟梗预处理效果的好坏，目前很难通过测定相应指标做出定量评价，常用的评价方法是通过感官和经验进行判断。预处理效果好的烟梗，一般具有以下 3 个特点：①烟梗容易对折，且表皮不出现裂痕，说明烟梗的柔软性较好，吸收水分较充分；②烟梗容易从纵向均匀撕开，剖面平整，没有藕断丝连的现象，且中心和四周颜色差异小，说明烟梗得到均匀渗透；③切后的梗丝出现不同程度的发白、透明，说明烟梗发生湿涨作用。

虽然评价烟梗预处理效果的指标测定较困难，但有时为了定量地说明不同加工工艺及工艺参数优化试验对烟梗预处理效果的影响，必须对烟梗预处理进行指标测定。一般情况下，将切后的梗丝自然晾干后进行填充值的测定，若梗丝的填充值较高，则说明烟梗预处理的效果较好。

（2）烟梗表面洗净率低。

①现象及后果。烟梗表面洗净率低，主要表现为贮存后烟梗表面的胶质类物质未被充分洗净，致使在切梗过程中由于烟梗表面黏滑，出现跑梗现象，从而影响切梗的效果和梗丝膨胀的最终效果。

②原因及改进措施。烟梗表面洗净率低的主要原因及改进措施有以下方面：

a. 洗梗机内的水速及水位控制不当。洗梗机使用的是恒温循环水，当水速过慢，水槽内的水流较平稳，烟梗浮在水面上平稳地漂过水槽，导致烟梗的洗净率低；当水流达到一定速度，形成湍流，烟梗随波纹状水流翻滚而过，则洗净率高。水位的高低对烟梗洗净率也有影响，水位过低，水流对烟梗的撞击作用小，烟梗洗净率低；水位过高，烟梗从水槽上漂流而过，没有受到槽内底板的撞击，致使烟梗表面的胶质类物质洗不干净。改进措施是适当提高循环水的流速，宜将水速控制在 2 m/s 左右；适当控制水位，以水流能在水槽上形成波纹状的湍流，烟梗能随波纹状的水流翻滚而过的水位高度为准。

b. 洗梗机的水温设置不合理。当洗梗机的水温过低时，可适当提高水温。适当提高水温有利于增大烟梗表面亲水性物质的溶解度，削弱烟梗表面的屏障作用，增强水分子动能，加快水分向烟梗内部扩散的速度，同时也有利于提高烟梗的洗净率和回透率，缩短贮梗的时间，但水温过高会造成贮梗后烟梗的含水率过大。因此，应根据烟梗的回透率、贮梗时间、贮后烟梗的含水率、洗梗后贮梗前是否设置蒸梗、润梗环节来综合确定洗梗机的水温。

c. 烟梗的垂直落水速度慢。烟梗在进料时垂直落水速度越快，越容易充分浸入水中，越有利于烟梗在水中翻滚，因此将烟梗的垂直落水速度提高到 4.5 m/s以上，有利于提高烟梗的洗净率。

（3）烟梗未回透。

①现象及后果。贮梗后，由于水分没有均匀地渗透烟梗组织内部，烟梗表面

出现裂痕，表面与中心颜色差异大，对折时容易折断。烟梗中心的水分少、温度低，致使烟梗的柔韧性、可塑性和耐加工性差，使烟梗在切梗、膨胀过程中容易产生破碎或灰损，最终影响梗丝的结构和膨胀效果。

②原因及改进措施。烟梗未回透，一方面是由于洗梗机的水温低，另一方面是由于贮梗时间短。改进措施如下：

a.适当提高水温，加快烟梗表面的水分向内部扩散、渗透的速度。水温的控制应根据贮梗回软后烟梗含水率、贮梗时间、洗梗后贮梗前是否设置蒸梗、润梗环节综合确定。若贮梗柜数量少、贮存能力小，贮梗之前无蒸梗、润梗环节，则水洗梗的温度应控制在 60 ℃以上；相反，若贮梗柜的数量多、贮存能力大，贮梗之前设置蒸梗、润梗环节，为了防止贮后烟梗水分过多，可采用低温洗梗，通过洗梗后的蒸梗、润梗及适当延长贮存时间，使烟梗回软透芯。

b.适当延长贮梗时间。由于洗梗时水温相对较低，水分的渗透能力差，通过适当延长贮梗时间，可达到烟梗回软的目的。

c.洗梗之后、贮梗之前设置 HT 等蒸梗、润梗环节，加快洗梗后烟梗表面水分向其内部扩散、渗透的速度。

（4）贮梗后烟梗水分过多。

①现象及后果。贮梗后烟梗水分过多，致使切后梗丝的水分多，梗丝经过膨胀前的超级回潮或增温、增湿后水分过多，从而增大了膨胀过程中水分的去除量，在烘梗丝机或膨化塔的去湿能力一定的前提下，势必会降低工艺流量，并增大能量的消耗和降低梗丝的膨胀效果。

②原因及改进措施。贮梗后烟梗水分过多主要是由于洗梗的水温过高，洗梗后的滤水网带参数设置不合理，烟梗原料中长梗率低，贮梗之前的蒸梗、润梗环节的加湿量过大造成的。改进措施如下：

a.适当降低洗梗的水温。在保证洗净率和烟梗回软透芯的前提下，通过适当降低洗梗的水温，可以在洗梗过程中减少水分的浸入量，从而避免贮梗后烟梗水分过大。

b.合理设置滤水网带的参数，增大洗梗后烟梗表面水分的脱水量，避免洗梗后烟梗表面多余的水分浸入烟梗内部，造成贮后烟梗水分过多。滤水网带的参数设置包括以下方面：一是烟梗在滤水网带上的滤水时间。洗梗后烟梗在滤水网带上的滤水时间越长，则烟梗表面脱下的水分就越多，不至于使贮后烟梗水分过多。烟梗在滤水网带上的滤水时间应大于 6 s，延长烟梗滤水时间的方法是适当增加滤水网带的长度，也可在滤水网带长度一定的条件下，适当降低滤水网带的输送速度。二是网孔的大小。网孔过小，不利于脱水；网孔过大，则易导致大量短梗下漏。网孔的大小应选择在 16 目 /25.4 mm 左右为宜。三是滤水网带的输送角度。滤水网带的输送角度较小，水分易贴附于网孔上，难以聚集成水滴淋下，因此在一定范围内增大滤水网带的输送角度，有利于淋水，但如果角度过大，水易顺着滤水网带的自然下流，也不利于淋水。滤水网带的输送角度一般选择在20° ～ 45° 为宜。此外，还可在输送网带上设置压缩空气喷嘴，对输送网带上烟梗表面多余的水分进行强制排除；加强对滤水网带的维护和保养，及时清除滤水网带上的杂物，防止网孔堵塞；缩短洗梗机内循环水的利用时间，至少每 3 h 更换一次循环水，防止循环水利用时间过长，烟梗溶解在水中的物质浓度增大，致使水的黏度增大，不利于脱水。

c. 提高烟梗原料中的长梗率。由于在洗梗过程中烟梗两端的浸水速度大于烟梗表面的浸水速度，单位重量的烟梗截面越多，则洗梗过程中浸水速度越快，浸入的水分就越多，因此提高烟梗原料中的长梗率，减少单位重量烟梗的截面数，可以减少水分的浸入量。

d. 合理控制贮梗前蒸梗、润梗环节的加湿量。在蒸梗、润梗环节应以提高烟梗温度，加快水分渗透速度，缩短贮梗时间为主，避免过多地增加烟梗的水分。

4.4.2 梗丝处理常见的工艺问题

（1）梗头多，梗丝质量不好。

①现象及后果。切后的梗丝中梗头较多，导致梗丝的合格率较低，造成膨胀后的梗丝纯净度差，与叶丝混合后的纯净度下降。此外，叶丝在卷制时容易造成烟支的燃吸质量和外观质量降低；卷烟机的停机率增大，生产效率降低；梗丝的填充值低，原料的消耗量增大。膨胀后梗丝中的梗头在风选除杂及卷制过程中被剔除，被剔除的梗头不易再成丝，即使有少部分梗丝能卷入烟支中，其填充效果也远不及正常的膨胀梗丝，从而造成燃吸质量的降低和原料消耗的增大。

②原因及改进措施。造成切梗后梗丝中梗头过多的原因及改进措施有以下方面：

a.在洗梗过程中烟梗表面的胶质类物质没有洗干净，这些胶质类物质导致在切梗时易发生粘刀现象，从而造成跑梗，使切梗后梗丝中的梗头量增多。改进的措施是提高烟梗的洗净率。

b.切梗时烟梗温度过高，水分过大，致使烟梗中的糖分、胶质类物质等产生溶解现象，切梗时易粘刀。改进的措施是在切梗前的进料振槽上设置抽风罩或在振槽上设置风机，对进入切梗丝机的烟梗进行冷却，将切梗的温度控制在 45 ℃以下。此外，控制贮后烟梗的水分。

c.烟梗没有回软透芯，烟梗贮后的水分应符合工艺要求，应适当延长时间，避免外湿内干的现象。

d.烟梗的长梗率低、碎梗率高，过短、过细的烟梗使切梗的过程中容易出现跑梗的现象。改进的措施是提高烟梗的长梗率，并在投梗环节的出料振槽和洗梗前的振槽上设置碎梗筛分环节，将直径小于 5 mm 的碎梗从烟梗中筛分出来，避免进入梗丝加工环节。

e.切梗丝机刀门的压力不能太小，刀片须削磨，刀辊、排链须清洁。加强对切梗丝机的维护和保养，使切梗丝机的性能处于最佳的工作状态。

f.充分利用膨化后的风选，将梗头分出。

（2）梗丝膨胀效果差。

①现象及后果。梗丝膨胀效果差，填充值低，造成卷制过程中叶丝的消耗量增大。由于烟支的填充密度大，烟支的燃烧性变差，香气物质成分不能充分显露，刺激性、杂气不能得到有效去除，烟支吸阻增大、口数增加，焦油量升高。

②原因及改进措施。梗丝膨胀效果差主要有烟梗的预处理效果差和切梗的质量差，膨胀前回潮或蒸梗、润梗水分不合理、温度低，梗丝在干燥环节水分去除速度慢等方面的原因。改进的措施如下：

a.提高烟梗的预处理效果。烟梗的预处理应达到烟梗表面的胶质类物质、灰尘及杂物去除干净，贮存后烟梗回软透芯、水分大小适宜的要求。通过提高烟梗表面的洗净率，控制贮梗后烟梗的水分，使贮后烟梗柔软、水分透芯、水分均匀等措施来提高烟梗的预处理效果。

b. 提高切梗的质量。切后的梗丝应达到厚度均匀、适宜，梗头等杂物量少或梗丝的合格率高的工艺要求。在生产中要达到上述要求，可采取以下措施：一是有效控制压梗及切梗时梗丝的厚度，梗丝过厚或过薄均影响梗丝的膨胀效果。过厚的梗丝内部的水分扩散到表面的距离长，所需的作用力大，难以充分膨胀；而过薄的梗丝细胞层数少，从细胞内扩散出来的水分少，膨胀效果差，且在膨胀过程中容易破碎，造成梗丝的整丝率下降，碎丝率和含末率增大，从而降低梗丝的填充值。因此，适宜的梗丝厚度既能使水分渗透到梗丝组织中，使梗丝迅速增温、增湿，又能使梗丝内的水分迅速蒸发，从而使梗丝得到较大程度的膨胀。二是加强对切梗丝机的维护和保养，使切梗丝机的性能完好，保证梗丝厚度均匀，切后梗丝的合格率高。

c. 有效控制回潮后梗丝的含水率，提高出口温度。回潮后梗丝的水分适宜，才能在干燥过程中使梗丝的水分去除量适宜。根据干燥方式或水分去除能力的不同，选择适宜的梗丝回潮含水率，在水分达到要求的前提下，尽可能地提高梗丝的温度。

d. 加快水分的去除速度。在水分去除量一定的前提下，通过加快梗丝中水分的去除速度，增大梗丝中的水分从细胞内向外扩散的能力，从而达到较好的梗丝膨胀效果。

e. 保证设备正常运行。检查设备运转是否正常，以及各种工艺参数是否达到工艺要求，尤其是蒸汽压力、热风温度、排潮能力和干燥时间等，确保设备能正常运行。

（3）梗丝的加料效果差。

①现象及后果。梗丝加料对改善梗丝的颜色，减少杂气，增加香气和烟味浓度起到十分重要的作用。如果加料设备调试不到位或喷嘴位置不当，在加料过程中，既造成料液的浪费，又达不到预期的加料效果，加料后的梗丝存在颜色不均匀的现象。

②原因及改进措施。造成梗丝加料效果差，梗丝颜色不均匀的原因主要是加料位置不适宜，设备不符合加料的要求。改进的措施如下：

a. 依据料液的性质，合理确定加料机的位置。梗丝加料位置选择的原则是不影响梗丝的膨胀效果，料液易被梗丝吸收，料液中的有效成分在梗丝加工中损失少，不影响设备的有效作业率。根据以上原则，高沸点的水溶性料液宜在切梗后加入。若在洗梗时加入高沸点的水溶性料液，在更换循环水时，无疑会造成料液的浪费，同时料液往往只停留在烟梗表面，难以被烟梗内部组织细胞吸收，从而影响切梗的质量。若在烘梗丝机中或膨化后加入高沸点的水溶性料液，会影响烘梗丝机中的热风温度，降低膨化中或膨化后梗丝的填充值。因此，在切后的梗丝中直接加入升温后的料液，不但有利于梗丝吸收料液，而且可以提高梗丝膨胀的起始温度，有利于增大膨胀后梗丝的填充值。

b.根据梗丝线的设备现状，确定梗丝加料喷嘴的位置。加料喷嘴宜安装在加料机的物料入口处，料液喷射在离入口 1/3 的位置，从出口处向筒内观察，料液雾化情况好，不形成液滴。

制膨胀丝工序

5.1 主要工艺任务

制膨胀丝工序是按产品配方切丝，将浸泡液体二氧化碳后的叶丝按相关工艺规定膨胀，再按产品配方比例掺配至成品叶丝中，从而提高在制品的内在质量，赋予卷烟的风格特征，改善卷烟的物理特性。

5.2 生产工艺流程

5.2.1 生产工艺流程

干冰膨胀线工艺路线如图5-1所示。

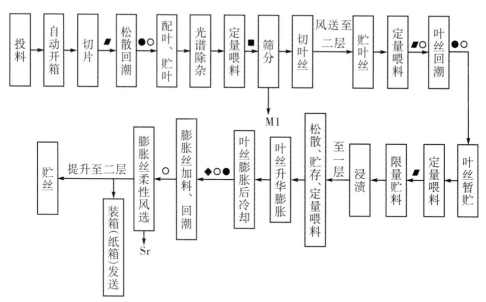

图例：●—温度测量；○—水分测量；■—金属探测；◆—计量； ◢—流量控制；
M1—1.5～3.0 mm叶片；Sr—梗块、梗签、杂物

图5-1 干冰膨胀线工艺路线

5.2.2　工艺过程简述

（1）物料（叶丝）。

原料为打叶复烤后的片烟，将片烟从片烟库运输至膨胀叶丝工房的烟箱暂存区。片烟规格为每箱 200 kg，采用纸箱包装，水分含量约为 12%。烟箱暂存区的片烟储存量大约可满足一天的生产需求。

先用叉车将烟箱送至切片线的卸料台上进行人工解包，然后在机械式垂直分切机中将片烟切片，并在滚筒式叶片回潮机内松散回潮至含水率为 18% 左右，再送至叶片暂存柜中贮存。片烟的工艺流量为 3 000 kg/h。片烟在叶片暂存柜内的贮存时间约为 5 h。

在叶片暂存柜内贮存的片烟经金属探测仪检测后由切丝机切丝。切后的叶丝由叶丝风送系统送至二层落料器，叶丝落料后在叶丝贮存柜中贮存。然后经滚筒式叶丝回潮机回潮至含水率为 20.0% ~ 20.5% 后，再送入叶丝暂存柜贮存，可以起到稳定流量的作用。

叶丝由叶丝暂存柜出料，经喂料机、计量管及电子皮带秤控制流量后进入双速皮带机待用，叶丝暂存柜输出流量为 1 304 kg/h。双速皮带机为间断操作，低速贮料，并向浸渍器高速喂料。

在双速皮带机贮存的叶丝，经往复皮带机（BC-31）及其伸缩溜槽定量间断地向浸渍器喂料，每小时 4 批，每批 326 kg（含水率 20%），每个浸渍周期为 15 min。浸渍过程：浸渍器的底门关闭，开启顶盖，然后往复皮带机的伸缩溜槽移至浸渍器上方的中心位置，在气缸的作用下，伸缩溜槽伸长并与浸渍器上方的法兰对接，双速皮带机将叶丝高速喂入浸渍器。喂料完成后，伸缩溜槽在气缸的作用下收缩并返回往复皮带机的中心位置，浸渍器顶盖关闭。叶丝进入浸渍器后，液态二氧化碳对叶丝进行浸渍。在浸渍过程中，液态二氧化碳绝热膨胀，部分凝固成干冰。此时，浸渍器底门开启，冰冻状态的叶丝由浸渍器重力卸料，完成一个浸渍周期。

冰冻状态的叶丝自浸渍器卸料，经传输槽进入松散器，冰冻状态的叶丝在松散器内松散后，进入振动柜贮存待用。叶丝从振动柜出料，经定量皮带输送机计量流量，由进料空气锁密闭进入膨胀系统。

冰冻状态的叶丝在升华器中与热风接触，使浸入叶丝内的干冰迅速升华（空气流速为 38 m/s，温度为 370 ℃），叶丝得以膨胀。膨胀后的叶丝（流量为 1 064 kg/h，含水率为 2%）进入切向分离器进行气固分离，气体循环使用，分离后的叶丝由出料空气锁卸至冷却振槽中，再经冷却皮带进入再回潮筒回潮，含水率调至 12%。

从再回潮筒出料的膨胀叶丝，经振动输送机等机械输送设备送至双向带式输送机，可经带式输送机、地秤称重后暂存装箱，以备外销；亦可经裙边带式提升机送至二层成品叶丝贮存柜贮存，成品膨胀叶丝从成品叶丝贮存柜出料，用带式输送机输送至制丝车间掺兑使用。膨胀叶丝贮存柜的贮丝量最多可满足膨胀叶丝 32.5 h 的生产需求。

（2）冷端。

浸渍工艺需要液态二氧化碳，二氧化碳系统（冷端部分）包括贮存、输送和回收。液态二氧化碳的贮存由二氧化碳贮罐和二氧化碳补偿泵组成。液态二氧化碳用槽车运至本工房，再利用槽车自带泵向二氧化碳贮罐卸料。利用补偿泵从贮罐向工艺罐供应液态二氧化碳。二氧化碳贮罐的贮料量可满足约 7 天的生产需要。

浸渍工艺先从低压回收罐，再到高压回收罐向浸渍器注入气态二氧化碳，使浸渍器内的压力升到 1.80 MPa 左右，然后从工艺罐经工艺泵向浸渍器加入液态二氧化碳，待液态二氧化碳将叶丝全部浸没后，再将液态二氧化碳排回工艺罐内。气态二氧化碳则进入回收系统进行回收利用。

从浸渍器排出的气态二氧化碳根据压力高低分别进入高压回收罐、低压回收罐，剩余气体经消音器排入大气，排气压力为 0.05 MPa。低压回收罐内的二氧化碳经低压压缩机压缩后送至高压回收罐，高压回收罐内的二氧化碳经高压压缩机压缩后进入二氧化碳冷凝器，并液化成液态二氧化碳，液态二氧化碳回到工艺罐内再循环使用。冷凝器内的制冷剂由制冷机组压缩液化后再循环使用。

浸渍器上、下盖由液压站提供液压，实现开启或关闭。浸渍装置的工艺流程如图 5-2 所示。

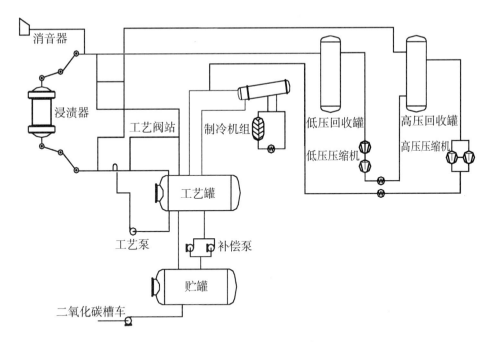

消音器

浸渍器

工艺阀站

制冷机组

低压回收罐

低压压缩机

高压回收罐

高压压缩机

工艺罐

工艺泵

补偿泵

贮罐

二氧化碳槽车

图5-2　浸渍装置的工艺流程

（3）热端。

叶丝膨胀所用的热风由燃烧炉供给，且循环使用。在升华器的底部，冰冻的叶丝与热气流混合进入切向分离器进行气固分离。从切向分离器分离出的热气流，经双联除尘器除尘，灰尘由除尘气锁排出，气流则进入工艺风机，经过工艺热交换器加热，再回到升华器循环使用。废气风机将部分热气流及从冷却振动输送机和冷却皮带输送机收集的含尘气体抽入废气热交换器进行升温，再进入燃烧炉与燃料油一起焚烧。焚烧后产生的气体经工艺热交换器、废气热交换器进行能量交换，再经烟囱排入大气。循环热气流在进入工艺热交换器前，须补入蒸汽。升华系统的工艺流程如图5-3所示。

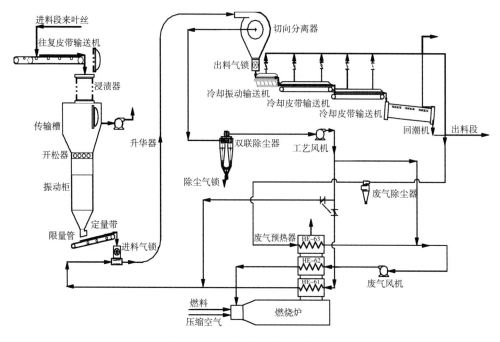

图5-3　升华系统的工艺流程

5.3　膨胀线制丝工艺与设备

5.3.1　备料

（1）工艺任务。

①按叶组配方表要求，准备烟叶投料，确保投入加工的烟叶原料符合配方的要求。

②核查每批投入的烟叶原料，确保烟叶的质量与数量符合叶组配方的用料规定。

（2）来料标准。

①来料烟叶的名称、数量和重量应符合叶组配方表的要求。

②烟箱无严重破损，箱内无杂物、霉变、异味和污染的烟叶。

③烟箱上应有烟叶状况（如产地、类型、年份、重量和序号等）的标识。

（3）技术要求。

①烟箱按叶组配方表的要求准确发放，不符合来料标准的烟箱不得进入堆放区。

②每批烟箱到达投料区后，车间接收人员按叶组配方表的要求进行核对，发现烟叶质量不符合《烟叶投料质量管理标准》时，特别是发现烟叶出现霉变（少量干霉除外）、表面有活虫或虫尸、有异味或受污染、夹杂一类杂物、明显偏碎或重量不符的情况时，应及时联系原料供应部门进行调换。

（4）检查项目。

检查项目包括来料批次的完整性，烟包标识，烟包表面有无霉变、水渍、杂物、虫蛀和异味，以及烟包的重量等。

（5）开箱和计量。

剪去包扎带，拆除外包装箱，将烟叶均匀地送入输送带上。准确计量每批烟叶投入的重量。

5.3.2　切片

（1）工艺任务。

将拆除外包装箱的烟叶按三刀四片切成均匀块状。

（2）来料标准。

①来料烟叶的数量和重量应符合叶组配方表的要求。

②来料烟叶无霉变、异味和污染的烟叶。

（3）技术要点。

①来料烟叶应在进料输送带上摆放整齐。

②自动切成的烟块厚度应均匀，切面整齐，烟叶在皮带输送机上排列有序，保证烟叶的流量稳定、均匀。

③切片时，发现烟块内部有烧心、霉烂或烟虫，应将其剔除，当剔除量大于10 kg时，车间应暂停当批生产，由车间相关人员组织质量追溯，查明该批烟叶等级，并及时联系原料供应部门进行整箱（袋）调换后再恢复生产。在整箱（袋）

调换时，应将有烟虫的烟叶进行隔离、标识。如出现无相应等级的烟叶调换，或无法确认该烟叶等级，或难以与其他烟叶区分的情况时，车间相关人员应将情况反馈至工艺质量科，由工艺质量科出具处置意见并进行处理。

④同一批次烟叶投料结束后发现实际投料数量少于叶组配方表的要求时，应查明原因并补齐；当投料过程中或同一批次烟叶投料结束后发现错用烟叶、实际投入烟叶数量大于叶组配方表时，车间应立即停止当批生产，查明错用烟叶的产地、年份、等级和数量，并将情况反馈至工艺质量科，由工艺质量科出具处置意见。

⑤当单包麻包内的霉变烟叶大于单包麻包烟重的1%时，应整包调换；当单包麻包内的霉变烟叶小于或等于单包麻包烟重的1%时，应剔除霉变部分后再投入生产使用。

（4）检查项目。

检查霉烂、烧心烟叶的情况，以及切片的均匀性。

5.3.3 松散回潮

（1）工艺任务。

增加烟叶的含水率和温度，提高烟叶的耐加工性，使烟叶松散，改善烟叶的感观质量。

（2）来料标准。

①来料烟叶的名称、数量和重量应符合叶组配方表的要求。

②来料烟叶无霉变、异味和污染的烟叶。

（3）技术要点。

①蒸汽压力、水压力、压缩空气压力均应符合工艺设计要求。

②烟叶流量均匀，不超过设备工艺制造能力。

③烟叶回潮所需的蒸汽、水用量可控，增温增湿系统、热风循环系统、冷凝水排放系统工作正常。

④生产前必须对筒身进行清扫，检查各喷嘴有无漏水现象。

⑤筒内温度达到预热要求时才可投料生产。

⑥各种仪表工作正常，数字显示准确。

⑦在生产过程中，若设备出现故障停机，应及时打开筒门进行降温，当停机时间超过 30 min 时，应取出筒内的烟叶进行降温。

⑧生产过程以热风循环温度控制为主，固定加水量以切丝含水率为调整依据。

（4）检查项目。

检查烟叶松散程度，烟叶流量的均匀性，热风循环温度及加水曲线的变化情况。

5.3.4　配叶、贮叶

（1）工艺任务。

①使各组分烟叶混配均匀，平衡烟叶的含水率和温度。

②调节和平衡各工段之间的生产能力。

（2）来料标准。

烟叶加料后应符合工艺指标，具体指标见制造工艺标准。

（3）技术要点。

①贮叶柜应有明显的牌号、进柜时间等标识，不得错牌。

②各贮叶柜的烟叶应执行"先进先出"的原则，每批烟叶应贮存于同一个贮叶柜或同一组对顶贮叶柜中。

③烟叶在进柜前与出柜后，柜内及输送带上不得残留烟叶，同时防止混牌或掺入霉变的烟叶。

④同一批次烟叶投料结束后若发现实际投料数量少于叶组配方表的要求，应查明少投烟叶的产地、年份、等级和数量后再补齐。

⑤当出现投料过程中或同一批次烟叶投料结束后错用烟叶、实际投入烟叶数量大于叶组配方表的要求时，应暂停当批生产，并进行质量追溯，查明错用烟叶的产地、年份、等级和数量，并将情况按车间信息反馈流程进行反馈，由工艺管理科出具处置意见并进行处理。

⑥烟叶在进柜过程中出现混牌情况时，应立即停机并保护现场，按车间信息

反馈流程及时进行反馈，待相关质量监管部门共同评议后，由工艺质量科出具处置意见并进行处理。

⑦当烟叶贮存时间不符合工艺要求时，应按车间信息反馈流程及时进行反馈，待相关质量监管部门共同评议后，由工艺质量科出具处置意见并进行处理。

（4）检查项目。

检查烟叶进出柜的状态，以及烟叶的贮存时间。

5.3.5 切叶丝

（1）工艺任务。

①将烟叶切成合格的叶丝。

②切后的叶丝应符合工艺指标，具体指标见制造工艺标准。

（2）来料标准。

①来料的烟叶流量应均匀、稳定。

②烟叶中无金属、石块等非烟叶杂物。

（3）技术要求。

①烟叶流量不超过设备的工艺制造能力，供料均衡，铺料均匀，不脱节，刀门四角勿空松。

②刀门高度适当，正常工作时刀门应保证稳定。

③使用金属探测器自动剔除含有金属的烟叶。

④叶丝宽度均匀，无不合格叶丝流入下一道工序。当发现粗细丝、跑片时，应将不合格叶丝剔除，必要时停机处理，并调整切丝机，保证切丝质量均匀、稳定。

⑤切丝前应筛分出 1～3 mm 的碎片，然后送至切丝出口处均匀掺入本牌号，筛分出 1 mm 以下的碎片不得回掺。切后的叶丝应松散、无严重粘连现象，同时剔除杂物和跑片。

（4）检查项目。

检查叶丝出柜的准确性，叶丝流量稳定、均匀，叶丝色泽、气味、水分，有无杂物，切丝宽度、并条、粗细丝、跑片等。

5.3.6　贮叶丝

（1）工艺任务。

①平衡切后叶丝的含水率。

②调节和平衡各工序之间的生产能力。

（2）来料标准。

切后叶丝应符合工艺标准。

（3）技术要点。

①贮存柜应有明显的牌号、进柜时间等标识，不得错牌。

②各贮存柜的叶丝应执行"先进先出"的原则，每批叶丝应贮存于同一个贮存柜或同一组对顶柜中。

③叶丝在进柜前与出柜完成后，柜内及输送带上不得残留叶丝，防止混牌或掺入霉变的叶丝。

④叶丝在进柜过程中若出现混牌的情况，应立即停机并保护现场，按车间信息反馈流程及时反馈，待相关质量监管部门共同评议后，由工艺质量科出具处置意见并进行处理。

⑤叶丝贮存时间不符合工艺时，按车间信息反馈流程及时反馈，待相关质量监管部门共同评议后，由工艺质量科出具处置意见并进行处理。

（4）检查项目。

检查叶丝进出柜的状态，以及叶丝贮存的时间。

5.3.7　叶丝回潮

（1）工艺任务。

①提高叶丝的含水率和温度。

②叶丝得到充分松散，无结团现象。

③叶丝经过增温、增湿后应符合工艺指标，具体指标见制造工艺标准。

（2）来料标准。

①叶丝来料应流量均匀、稳定，流量波动 $\leqslant 1\%$。

②切后的叶丝应符合工艺指标，无结团的情况。

（3）技术要点。

①叶丝流量均匀、稳定。

②蒸汽压力、水压力和压缩空气压力均符合工艺设计要求。

③水、汽道和喷孔应畅通，无阻塞的现象。

④回潮后叶丝松散，无结团、湿团的现象。

⑤电子秤的精度应为 0.5%。

⑥若叶丝回潮工序出现设备故障，应停机处理，并及时打开筒门进行降温。当停机时间超过 30 min 时，应取出筒内叶丝进行降温，待恢复生产后，再将降温后的叶丝从回潮筒出口处均匀回掺到原批次卷烟中。在回潮筒出口处发现叶丝结团及水渍叶丝时，应及时分选，并做报废处理。

（4）检查项目。

检查叶丝的水分、温度和结团的情况。

5.3.8　叶丝暂存

（1）工艺任务。

①平衡回潮后叶丝的含水率。

②调节和平衡各工序之间的生产能力，为浸渍工序提供稳定、持续的物料。

（2）来料标准。

回潮后的叶丝应符合工艺标准。

（3）技术要点。

①贮存柜应有明显的牌号、进柜时间等标识，不得错牌。

②叶丝在进柜前与出柜后，柜内及输送带上不得残留叶丝，防止混牌或掺入霉变的叶丝。

③叶丝在进柜过程中若出现混牌的情况，应立即停机并保护现场，按车间信息反馈流程及时反馈，待相关质量监管部门共同评议后，由工艺质量科出具处置意见并进行处理。暂存柜出料时发现结团、结块情况，应及时从生产线上清理。

④当叶丝贮存时间不符合工艺时，应按车间信息反馈流程及时反馈，待相关

质量监管部门共同评议后，由工艺质量科出具处置意见并进行处理。

（4）检查项目。

检查叶丝进出柜的状态，以及叶丝的暂存时间。

5.3.9 浸渍

浸渍器是二氧化碳膨胀叶丝生产线的核心设备，根据二氧化碳的物理特性，利用液态二氧化碳对叶丝进行浸渍，并经排液、减压，形成干冰叶丝。冷端系统工艺流程实物如图 5-4 所示。浸渍装置实物及设计如图 5-5 所示。

图5-4　冷端系统工艺流程实物

图5-5　浸渍装置实物及设计

（1）工艺任务。

使叶丝吸纳一定量的二氧化碳，为叶丝膨胀做准备。

（2）来料标准。

①每罐物料应恒定、连续。

②叶丝应符合工艺指标，具体指标见制造工艺标准。

③液态二氧化碳来料质量应符合工艺要求。

（3）技术要点。

①每次浸渍的叶丝计量应准确，且不超过设备工艺制造能力。

②各类压力容器及安全阀门、管道、泵完好，无泄漏，各类检测装置及安全阀灵敏、可靠，符合工艺设计要求。

③压缩空气、冷却水工作压力及水温符合设备要求。

④二氧化碳的浓度检测、报警装置、通风装置完好。

⑤浸渍时间、浸渍压力、排液时间可调，确保叶丝能吸收适量的二氧化碳，浸渍压力应为 2.7 ～ 3.1 MPa，浸渍时间应为 30 ～ 300 s。

（4）检查项目。

检查项目包括每罐物料的重量、浸渍压力和浸渍时间。

5.3.10　松散、贮存、喂料

（1）工艺任务。

将叶丝（块）松散、缓冲、贮存，并定量连续、均匀地将叶丝送入膨胀系统。

（2）来料标准。

①叶丝浸渍适度。

②浸渍释压后，从浸渍罐落下的叶丝易松散。

③叶丝中二氧化碳的含量为 2% ～ 6%。

（3）技术要点。

①设备应具有自动松散块状叶丝的功能。叶丝松散，无明显结块。

②振动、落料功能完好，能贮存适量的叶丝且保温，喂料均匀并可调节流量。振动柜如图 5-6 所示。

③计量带上的叶丝流量应均匀、稳定。

（4）检查项目。

检查叶丝的松散状态及二氧化碳的含量。

图5-6　振动柜

5.3.11 叶丝（升华）膨胀

（1）工艺任务。

①通过高温气体使叶丝膨胀（升华）。升华系统工艺流程设计如图5-7所示。

②去除叶丝的部分水分和二氧化碳，满足后续工序的加工要求。

③改善和提高叶丝的感官质量，提高叶丝的填充性能。

④干燥后的叶丝应符合工艺质量指标，具体指标见制造工艺标准。

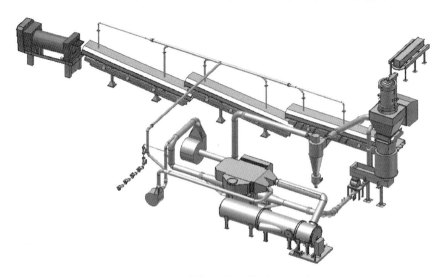

图5-7 升华系统工艺流程设计

（2）来料标准。

叶丝松散，无明显结块，流量均匀、稳定。

（3）技术要点。

叶丝流量均匀、稳定，不超过设备工艺制造能力，进料气锁畅通。蒸汽、水、燃料油符合工艺要求。热风温度、风速可调，温度最高可达380℃，风速可达40 m/s。热风管路内喷入的蒸汽量在一定范围内可调。燃烧炉的温度可达820℃，能有效补充升华管的热量损失。燃烧炉的点火装置应安全、可靠，具有炉膛防爆的功能。燃烧炉如图5-8所示。

图5-8 燃烧炉

（4）检查项目。

检查叶丝的水分、热风温度、蒸汽喷射量及湿团、炭化的情况。

5.3.12 冷却回潮

将膨胀后的叶丝冷却定形，并加湿到符合工艺要求的含水率，按产品设计，将香精准确、均匀地施加到叶丝上。

（1）工艺任务。

①降低叶丝的温度，提高叶丝的填充性能。

②冷却后叶丝应符合工艺质量指标，具体指标见制造工艺标准。

（2）来料标准。

干燥后的叶丝无湿团、炭化，且流量稳定。

（3）技术要点。

①加湿前叶丝的温度应小于 60 ℃。

②压缩空气、水的工作压力符合设备要求。

③喷嘴雾化效果适度；管路畅通，无滴漏；香精施加均匀、正确，流量计量准确，计量精度为 0.5%。

④若加香系统出现异常或发现香精漏加时，应立即停机，并返工处理，将未加香部分接出，在回潮筒入口掺入再重新加香。

⑤当加香精度和加香比例不符合要求时，制丝车间应向工艺质量科反馈，由工艺质量科提出处置方法并进行处理。

⑥当加香筒加香雾化压力、排潮风速等工艺指标不符合要求时，应及时更改参数，制丝车间应向工艺质量科反馈，由工艺质量科提出处置方法并进行处理。

（4）检查项目。

检查叶丝的水分、加香精度。

5.3.13　叶丝风选

（1）工艺任务。

剔除膨胀叶丝中的梗签、湿块等杂物，提高膨胀叶丝的纯净度。

（2）来料标准。

来料的叶丝应均匀、稳定。

（3）技术要点。

①来料叶丝的流量均匀且不超出设备的工艺制造能力。

②风选断面的风速应均匀，风速可调，网孔应清洁、通畅。

③将梗签、梗块、杂物与叶丝分离，风分效率达到 95% 以上。

④叶丝综合质量（整丝率、碎丝率或填充值等）不符合要求时，制丝车间应向工艺质量科反馈，由工艺质量科提出处置意见并进行处理。

（4）检查项目。

检查叶丝的整丝率、碎丝率、纯净度和填充值。

5.3.14　贮膨胀丝

（1）工艺任务。

①平衡膨胀丝的含水率。

②平衡和调节制丝线之间的生产时间。

（2）来料标准。

风选后叶丝应符合工艺质量指标，具体指标见制造工艺标准。

（3）技术要点。

①贮存柜必须置于温度、湿度可控制的贮丝房内。

②每批膨胀丝的贮存柜后有明显的牌号、进柜时间等标识。

③各贮存柜的膨胀丝应执行"先进先出"的原则。

④叶丝进柜前与出柜后，柜内及输送带上不得残留叶丝，防止混牌或掺入霉变叶丝。

⑤同批次叶丝必须进入同一个贮存柜或同一组对顶柜，整批叶丝入柜完成，满足贮丝时间后才可出柜（或装箱）。

⑥叶丝出柜时，要求同一组对顶柜同时出柜。

⑦需要装箱的结存膨胀丝，要求装箱密封贮存。其装箱工艺要求应按相关要求执行，每箱叶丝装箱后应粘贴标识，注明叶丝牌号、生产日期、生产批号等信息。

⑧叶丝贮存时间不符合工艺时，按车间信息反馈流程及时反馈，待相关质量监管部门共同评议后，由工艺质量科出具处置意见并进行处理。

⑨当环境温度、湿度不符合要求时，应及时更改参数，确保温度、湿度满足相关要求。

（4）检查项目。

检查贮丝的时间及环境的温度、湿度。

5.3.15　其他异常情况处理

（1）叶丝在浸渍过程中，浸渍工序因设备故障（停电）等意外停机，浸渍过程中断，不能满足浸渍工序工艺指标情况时，严禁人工打开上、下盖，待设备故障处理完成后，再按正常的生产程序选择继续下一步操作或重新进行浸渍生产，并严密监控物料情况。

（2）当开松工序堵料时，应手动启动开松器，延长开松时间至物料全部松散。若堵料严重，开松器无法启动，可手动打开下盖翻板，对物料进行辅助松散后，再启动开松器（上述操作必须在开松器静止状态下进行）。若物料的存放时间不超过 1 h，在故障排除后，物料正常转序；若物料的存放时间超过 1 h，将清理的物料转运至浸渍之前，在定量皮带的喂料仓跟批均匀掺入。

（3）若振动柜贮存叶丝量不足，经调整进料皮带频率和振动柜出口大小后，电子秤流量依然连续偏离设定值范围，不能满足下一道工序连续生产时，应停止进料烘丝，待缓冲量符合要求（第三罐排液结束），并在其他工艺指标符合工艺要求后，可继续烘丝过料。

（4）若在膨胀后叶丝有焦糊味或出现火星叶丝时，应立即停止进料，并打开出料翻板，关闭工艺新风阀门，将蒸汽喷射量调至最大，迅速接出物料，并及时反馈信息。

（5）当燃烧炉熄火，气温在工艺标准范围内时，应立即重启燃烧炉，并继续过料。当气温超出工艺标准范围时，应停止过料，待故障排除后，再重新过料。

5.4 二氧化碳回收

5.4.1 工艺要求

（1）在正式生产前必须确认设备的初始状态，待各项参数达到设定要求时才可进料生产。

（2）二氧化碳气体压力和二氧化碳液体储存量应满足工艺要求。

（3）二氧化碳工作压力、冷却水、压缩空气工作压力均符合工艺设计要求。

5.4.2 工艺原理

工艺罐内的液态二氧化碳由工艺泵泵入浸渍器内对叶丝进行浸泡，浸泡完成后，剩余的液态二氧化碳依靠自身重力回流到工艺罐中，一部分高压气态二氧化碳进入高压回收罐中，剩余的低压气态二氧化碳则进入低压回收罐中。低压回收罐中的气态二氧化碳由低压压缩机将压力升高后送入高压回收罐中，高压回收罐中的一部分高压气态二氧化碳则直接进入工艺罐，另一部分二氧化碳由二氧化碳冷凝器变成液态二氧化碳，最终进入工艺罐，完成循环过程。二氧化碳浸渍回收工艺设计如图5-9所示。

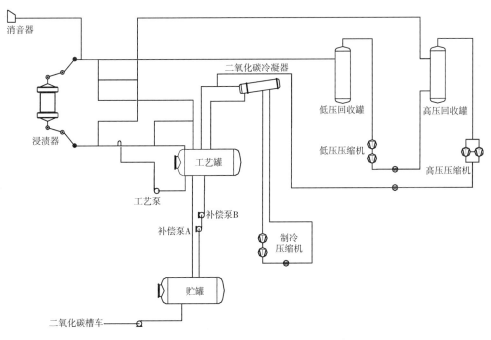

图5-9　二氧化碳浸渍回收工艺设计

（1）工艺罐。

①设备用途。工艺罐是一台卧式压力容器，它的作用主要包括为浸渍工艺提供二次增压使用的气态二氧化碳和浸泡叶丝使用的液态二氧化碳；回收浸渍器的液态二氧化碳；从回收系统接收冷凝的液态二氧化碳；吹散浸渍器中的叶丝，防止结成大块的叶丝。工艺罐利用3个插入式电加热器（每个功率为35 kW），维持

工艺罐内的温度和压力。

②工作原理。工艺罐内液态二氧化碳经工艺泵由浸渍器的底部进入浸渍器内，浸渍叶丝后剩余的液态二氧化碳从浸渍器的底部再返回工艺罐。在浸渍器降压回收过程中，工艺罐内气态二氧化碳（高压）对浸渍器进行反吹，可以减少叶丝结块的可能性。

（2）工艺泵。

①设备用途。工艺泵将工艺罐中的液态二氧化碳迅速泵入浸渍器，满足浸渍器浸渍叶丝的工艺需求。

②工作原理。在生产过程中，当浸渍器充入液态二氧化碳时，工艺泵启动，并将工艺罐中的液态二氧化碳迅速泵入浸渍器。当浸渍器筒体上的液位探头探测到浸渍器中二氧化碳介质的温度达到设定值或设定的充液时间时，工艺泵停止运行，充液过程结束。

（3）高压回收罐。

①设备用途。气态二氧化碳通过高压回收罐吹除浸渍器中的空气，并为浸渍器首次增压。高压回收罐回收浸渍器第一次减压排放的气态二氧化碳。

②工作原理。高压回收罐中的气态二氧化碳从浸渍器的下盖门管路进入浸渍器，并吹除浸渍器中的空气，为浸渍器首次增压。当浸泡叶丝工艺结束后，浸渍器中的液态二氧化碳返回工艺罐。浸渍器中剩余的气态二氧化碳由浸渍器的上盖门管路排入高压回收罐，直至浸渍器和高压回收罐中的压力达到平衡。高压回收罐继续利用工艺罐中的气态二氧化碳对浸渍器中的叶丝进行吹散，并回收滞留在浸渍器中的气态二氧化碳。当高压回收罐的压力升高到设定值时，高压压缩机启动，高压回收罐中的气态二氧化碳经高压压缩机压缩增压后，最终进入工艺罐重复使用。

（4）低压回收罐。

①设备用途。低压回收罐用于接收浸渍器第二次减压排放的气态二氧化碳。

②工作原理。当浸渍工艺完成吹散工序，且高压回收罐继续回收过程结束后，浸渍器中剩余的气态二氧化碳进入低压回收罐，直到浸渍器和低压回收罐中的气态二氧化碳压力平衡。当低压回收罐的压力升高到设定值时，低压压缩机启动，从低压回收罐中抽出气态二氧化碳，气态二氧化碳经过压缩增压后再送入高

压回收罐。

（5）高压压缩机、低压压缩机。

①设备用途。高压压缩机的用途是将从高压回收罐中抽出的气态二氧化碳进行压缩，然后根据工艺需要直接送入工艺罐，利用高压压缩机压缩后的气态二氧化碳提高工艺罐内的压力，或经二氧化碳冷凝器冷凝成液态二氧化碳后再进入工艺罐内。低压压缩机的用途是根据工艺需要，从低压回收罐中抽出气态二氧化碳进行压缩，然后将压缩后的气态二氧化碳送入高压回收罐中。

②工作原理。高压压缩机采用活塞式、双缸压缩机。高压回收罐中的气态二氧化碳经过进口缓冲器，通过压缩机的吸气阀进入气缸，经过气缸压缩后由排气阀排出。此时压力 ≤ 3 MPa、温度 < 150 ℃的气态二氧化碳再经过出口缓冲器缓冲后进入冷却器，经过冷却器冷却后的气态二氧化碳的温度 < 50 ℃。从冷却器排出的气态二氧化碳根据工艺需求直接进入工艺罐，提高工艺罐的压力，或经二氧化碳冷凝器冷凝成液态二氧化碳后再进入工艺罐，以满足连续生产的需求。低压压缩机采用活塞式压缩机两级压缩。低压回收罐 / 二氧化碳回收气球中的气态二氧化碳通过一级进口缓冲器进入压缩机的一级缸进行压缩，压缩后气态二氧化碳的压力 ≤ 1 MPa、温度 < 100 ℃，经过一级冷却器冷却后，气态二氧化碳的温度 < 50 ℃。气态二氧化碳再通过二级进口缓冲器进入压缩机的二级缸进行压缩，压缩后气态二氧化碳的压力 < 1.3 MPa、温度 < 140 ℃，气态二氧化碳通过二级出口缓冲器进入二级冷却器冷却，使气态二氧化碳的温度 < 50 ℃。经过低压压缩机压缩的气态二氧化碳被送入高压回收罐中。

（6）制冷压缩机。

①设备用途。制冷压缩机是一台螺杆式制冷压缩机，用于将高压压缩机压缩后的气态二氧化碳冷凝成液体，在重力的作用下，液态二氧化碳流回工艺罐，以便重复使用。

②工作原理。经过高压压缩机压缩、冷却后的气态二氧化碳进入二氧化碳冷凝器，通过与冷凝介质氟利昂进行热交换后，被冷凝成液态二氧化碳，再依靠自身重力返回工艺罐重复使用。在二氧化碳冷凝器中，常温、高压的氟利昂液体与气态二氧化碳进行热交换后，转变为低温、低压的氟利昂气体。

螺杆式制冷压缩机的工作是依靠一个阳转子与一个阴转子进行啮合运动，并借助包围这一对转子四周的机壳内壁完成工作的。当转子转动时，转子的齿、齿沟与机壳内壁构成空间的容积大小发生周期性的变化，低压的氟利昂气体沿着转子的轴向从吸入口的一侧移向排出口的一侧，并压缩到一定的压力后被排出。经过油分离器分离出溶解在高压氟利昂气体中的润滑油进入以水作为热交换介质的氟利昂冷凝器，氟利昂气体被水冷凝为液体，氟利昂液体依靠自身重力流回氟利昂贮罐再重复使用。

（7）贮罐。

①设备用途。贮罐用于贮存从二氧化碳槽车运回的纯净液态二氧化碳，根据工艺需求随时为工艺罐提供液态二氧化碳。

②工作原理。当工艺罐中二氧化碳的重量达到设定值的下限时，补偿泵自动启动，将贮罐中的液态二氧化碳泵入工艺罐，保证生产的连续运行。虽然贮罐外设有保冷层，但是难以避免的热交换仍然会使贮罐中的二氧化碳压力慢慢升高。为防止安全阀频繁起跳，造成二氧化碳的浪费和对生产现场环境的污染，在贮罐上设置一台制冷机，将冷凝盘管安装在贮罐的顶部。当贮罐的压力升高到设定值的上限时，制冷机自动启动；当贮罐的压力降低到设定值的下限时，制冷机自动停机。

（8）补偿泵。

①设备用途。补偿泵主要将贮罐的液态二氧化碳输送到工艺罐，满足连续生产的工艺需求。

②工作原理。工艺罐中二氧化碳的介质重量由 PLC 控制，当浸渍系统的工艺循环结束时，会有少部分气态二氧化碳排放到大气及少部分液态二氧化碳被叶丝以干冰的形式带走。工艺罐需要定时补充液态二氧化碳，以满足连续生产的需要。在生产过程中，当工艺罐的二氧化碳介质重量降至设定值时，PLC 启动补偿泵，为工艺罐补充液态二氧化碳。当工艺罐的二氧化碳重量达到设定值时，PLC控制补偿泵停止补液。

补偿泵启动后，补偿泵系统首先进行自循环，液态二氧化碳通过补偿泵，沿自循环管路流回贮罐，从而实现对补偿系统的冷却，同时可以检查管路系统和补偿泵是否存在泄漏等故障。通过一定时间后自循环结束，液态二氧化碳沿管路进入工艺罐，为工艺罐补充液态二氧化碳。

掺配加香工序

6.1 主要工艺任务

掺配加香工序的主要工艺任务是将模块或配方叶丝、梗丝、膨胀叶丝、再造叶丝等按设计要求进行配比和掺兑，混合叶丝各组分，并按照产品配方设计要求，将香液准确、均匀地施加到叶丝上，使物料组分进一步混合均匀。在贮丝环节使叶丝充分吸收香精，平衡叶丝的含水率和温度，以及平衡和调节制丝与卷接的生产时间。

6.2 生产流程与设备

6.2.1 工艺流程

掺配加香工序的主要工艺流程：贮丝→定量喂料→计量→混丝→定量喂料→加香→配丝、贮丝。

在混丝环节，目前卷烟企业常见的工艺流程有两种，一种是先将物料组分放入缓存柜进行初步混合均匀，再进行加香；另一种是将各种掺配物料与叶丝在线混合，直接加香。前一种工艺流程的优点是有利于加香过程流量的稳定，也有利于物料组分混合均匀；缺点是增加叶丝过程的造碎率。后一种工艺流程的优点是工艺线路短，能够减少叶丝的造碎率。为平衡上述两种工艺流程的优、缺点，可以在工艺流程的设计上选择两种混丝工艺，根据不同卷烟牌号规格的要求，灵活选择工艺线路。

在加香环节的香精施加方式上，目前卷烟企业常见的工艺流程有两种，一种是现场料罐就地输送，另一种是香料站远程集中管道输送。前一种施加方式的优点是能够减少香精的管道损失，缩短换牌清洗的时间；缺点是增加香精物流的运输成本。后一种施加方式的优点是便于香精的集中管理；缺点是增加香精的管道损失，而且换牌清洗的时间较长。

在配丝、贮丝方式的选择方面，目前卷烟企业常见的工艺流程有两种，一种是常规的柜式贮丝，另一种是新型的箱式贮丝。柜式贮丝适应少牌号的集约化生产，能够有效提升叶丝供应的物流效率；箱式贮丝对平衡叶丝的水分和填充值有利，可以满足多牌号、多规格叶丝灵活供应的生产要求。

在掺配加香工序中，混丝工序、加香工序应纳入关键特殊工序管理，按照国家标准 GB/T 19001 质量管理体系的要求，若输出结果不能由后续的监视和测量加以验证，应定期对生产和服务提供过程实现策划结果的能力进行确认。过程实现策划结果的能力确认，包括设备性能要求、工艺效果要求、来料品质要求、岗位人员资格要求和产品质量要求等。

6.2.2　主要设备

掺配加香工序的主要设备包括加香机和贮柜。加香机与加料站作为一个整体，构成加香系统。加香机的喷嘴雾化效果、喷射角度、喷射区域根据使用效果进行调节，排潮系统的风量、风速应适当调节。加香总体精度≤0.5%，瞬时加香比例变异系数≤0.5%。贮柜的布料方式应采用纵横往复式布料，贮丝高度应小于 1.2 m。贮柜的控制方式应实现与制丝集中控制系统联网，具备物料进料、出料及贮存量的监控功能，实现物料牌号、贮存时间的防差错功能。

6.3　重点监控内容

6.3.1　生产前的准备工作

操作人员在生产前的准备工作主要从人员、机器、原料、方法、环境等各方面对生产状态进行确认，确保生产要素满足制丝工艺的要求。

（1）操作人员状态确认。

①操作人员必须经过岗前培训，经考核合格后才可上岗操作。

②操作人员应使用自己的账户，登录制丝集控系统、MES 系统等岗位操作

终端进行操作。

③掺配加香工序现场的操作人员应与上下游工序的操作人员确认到岗信息，并与中控室的操作人员确认生产牌号的信息。

④贮丝柜现场的操作人员应确认贮丝柜的牌号信息、物料结存状态，以及工艺通道的清洁状态。

⑤操作人员应了解上一班的交班信息，如有疑问应与班长或组长沟通和确认。

（2）设备状态确认。

①检查现场各管道有无跑、冒、滴、漏等现象，若有上述现象，则通知维修人员进行处理。

②检查各皮带输送机、振动输送机等输送设备，要求输送设备清洁，无残余物料、水渍和积尘。

③检查电控柜、设备及本地控制开关上有无维修警示，是否有人正在进行维修和保养工作，若有人正在维修和保养工作，须查明原因，待维修和保养工作完成后才可进行后续工作。

④将电控柜通电，开启现场操作站电脑，输入登录密码，进入流程图画面。若操作画面出现报警信息，应根据报警信息的提示逐一排查，直至操作画面正常。

⑤开启压缩空气总闸，检查气源压力是否满足设备运行要求，检查管路上各阀门（手动阀）的开关有无损坏，有无跑、漏等现象，检查管路上各仪表、减压阀值是否已调到规定的数值。

⑥确认混丝加香机的安全门均处于安全锁紧状态；混丝加香机的排潮滤网洁净、无堵塞；混丝加香机的内部，进、出口振槽等应洁净，无叶丝、水渍或香精污渍。

⑦检查振动筛分机，振动筛分机应清洁，网孔无堵塞。

⑧每批叶丝掺配进柜前，应检查所选择的贮丝柜号是否与生产计划设置的信息一致，以免影响叶丝使用部门出料通道的选择。

（3）物料状态确认。

①掺配加香工序现场操作人员应确认上一个生产班结存的物料，包括梗丝、

膨胀叶丝、回收叶丝等信息。

②确认生产牌号对应的掺配物料，保证当批生产物料的重量满足生产要求，并对需要投入使用的结存物料按照"先来先用"的原则，做好备料工作。

③确认生产牌号对应的香精、香料信息，以及对应牌号的香料备料信息。

（4）标准状态确认。

①操作人员应确认现场执行工艺标准是否有修改，如果有修改，应与当班工艺人员进行确认，并与上下游工序的操作人员沟通。

②操作人员应确认现场执行工艺标准与制丝中控系统下达产品标准一致，确保生产牌号执行标准的唯一性。

③检查现场水分仪的探头镜面，探头镜面应清洁、无灰尘，确认水分仪上压缩空气管连接牢固。

④检查现场水分仪通道是否与准备生产的牌号一致，对应的偏差值与设定值是否一致。

（5）环境状态确认。

①操作人员应检查涉及环境温度、湿度控制要求的区域，确认温度、湿度指标满足工艺要求，并确保上述区域的门窗处于关闭状态。

②操作人员应对本人所负责区域的烟虫监控记录进行检查，对超出监测要求的控制点位，应及时向当班工艺人员通报。

6.3.2 生产中的管控工作

操作人员在生产过程中的管控工作，主要从人员、机器、原料、方法、环境等各方面，确保生产过程处于受控状态，以及生产要素满足制丝工艺要求。

（1）操作人员状态确认。

①在生产过程中须停机保养或维修时，操作人员应将相应情况告知中控室，并与上下游工序的操作人员确认相关信息，同时断开本地开关，悬挂警示标牌，待工作完成后再合上本地开关，取下警示牌。

②操作人员在生产过程中，至少每 10 min 观察一次喂料机叶丝存量，物料过多或过少都应通知中控室的操作人员进行调整。

（2）设备状态确认。

①在本工序设备启动后，先将设备空机运行，检查各设备的运行是否正常，是否符合生产运行要求。进入加香段操作画面，与中控室核对将要投入生产的牌号名称及掺配物料的类别，掺配比例和加香比例是否符合工艺要求，叶丝柜的选柜（柜号、全柜或半柜）是否正确，若符合工艺要求，则可进入投料生产；若不符合工艺要求，则须整改，直至符合工艺要求后才可投料生产。

②注意巡回检查本工序设备的运行状况，特别注意加香设备的运行情况，保持与中控室、叶丝干燥工序操作人员的沟通和联系，及时反馈本工序的生产信息和质量信息。按要求开展过程自检。梗丝、膨胀叶丝、残丝喂料仓出料后，注意清理标识牌，并将生产线上的残留物清理干净。

③当设备出现故障或发生其他意外事故时，应立即断开本地开关，悬挂警示标牌，并将情况告知中控室、掺配工序、叶丝干燥工序的操作人员进行处理。当故障或事故处理完成后，再合上本地开关，取下警示牌，并及时通知中控室、叶丝干燥工序的操作人员。

④每批次生产前与中控室核对信息，再次确认生产计划，并将生产牌号的香料液标识放在指定位置。

⑤校验静态秤和电子皮带秤，如有计数应进行调零。

（3）物料状态确认。

①掺配加香工序现场操作人员在中控室先启动梗丝掺配段、回收叶丝掺配段和膨胀叶丝掺配段，把掺配物料输送至各个掺配电子秤待用。

②做好下一批投料生产的准备工作，等待中控室调度指令的下达。在更换牌号生产时应注意每批叶丝之间须保持一定的距离，同时将本工序设备上的残留叶丝或掺兑物料清扫干净。

③贮丝柜现场操作人员应巡查物料进出柜的状态，避免堵料、断料，造成生产故障或停机。

④加香工序操作人员在每次换牌生产时，应执行管路清洗。手动排污阀处于关闭状态，点击"管路清洗"，开始回收、清洗、喷吹等步骤；当料罐内有适量清洗水时，可手动关闭清洗按钮，打开手动排污阀，将料罐内的清洗水排空，对

料罐进行清洗；再次对料罐进行手动清洗，即点击"筒A清洗"，检查料位显示管内的水是否干净，确认水干净后，将料罐内的水彻底排空，再关闭排污阀。

⑤加香工序操作人员在执行下一批次香料准备工作时，先在操作面板上点击"加香机"，查看各阀门状态、管路状态、料罐显示是否正确；主机阀控制、加料阀控制是否处于自动状态，加香回路是否处于级联状态；将光电感应读卡器放在芯片上，确认移动罐内的香料信息牌号，将抽料泵的连接管接至移动罐，选择1号料罐。点击"桶A人工供料"。

⑥加香工序操作人员在执行预填充作业时，点击"管路与填充启动"进行管路预填充，确认预填充状态。控制面板上的泵电机状态为绿色，加香管路状态为正在填充，流量计有读数。预填充后，将来料料液的总重量、抽入料罐的料液重量、预填充重量记录在自检记录本上。通知中控室，加香工序准备完成，等待过料。

⑦加香工序操作人员在开始大批物料生产后，应巡查出口振槽，查看物料中是否有杂物。

（4）标准状态确认。

①操作人员在开始大批物料生产后，应观察电子秤是否与设定流量一致，查看引射压力是否达标，在滚筒出口皮带上方的水分仪查看物料水分。

②当生产批结束后，记录混丝总秤物料累计量，以及加香现场流量累计计量，计算加香精度及反算精度；根据工艺技术要求进行首次检查，确认叶丝加香比例、加香精度符合工艺技术要求；首次检查后，按照《制丝自检记录本》的要求进行MES系统自检，保证相关工艺指标符合产品工艺标准。在生产过程中发现异常情况时，应及时向班级管理人员反馈。

③检查水分仪的探头镜面，探头镜面应清洁、无灰尘，确认水分仪上压缩空气管连接牢固。

④检查水分仪的通道是否与准备生产的牌号一致，对应的偏差值与设定值是否一致。

⑤在生产过程中，当出现错用掺配物料及香精、比例设定错误、未加香的情况，应及时向当班工艺人员反馈，并由车间工艺人员反馈至工艺质量主管部门，

由工艺质量主管部门会同技术中心进行评审处置。按照生产过程不合格品控制的A类不合格控制要求，对已掺配的叶丝进行隔离；将剩余未生产的叶丝按原标准正常生产成成品叶丝后再进行隔离、标识。

⑥出现生产批掺配精度超标，在精度＞1.2%，或者牌号生产批加香精度工艺要求≤0.5%、实际加香精度＞0.5%的情况，以及牌号生产批加香精度工艺要求≤1%、实际加香精度＞1.5%的情况下，应及时向当班工艺人员反馈，由车间工艺人员反馈至工艺质量主管部门，工艺质量主管部门会同技术中心进行评审处置，再按照生产过程不合格品控制的A类不合格控制要求进行隔离、标识。

⑦叶丝秤或掺配秤出现每批断流2次以上，生产批掺配精度超标，在1.0%＜精度≤1.2%，或者牌号生产批加香精度工艺要求≤1%、1%＜实际加香精度≤1.5%的情况下，应及时向当班工艺人员反馈，由车间工艺人员反馈至工艺质量主管部门进行评审处置，再按照生产过程不合格品控制的B类不合格控制要求进行隔离、标识。

⑧加香出口发现湿团叶丝应及时向当班工艺人员反馈，由车间工艺人员反馈至工艺质量主管部门，工艺质量主管部门会同技术中心进行评审处置，再按照生产过程不合格品控制的A类不合格控制要求，立即停机查找原因，对已加香叶丝进行挑选，将湿团剔除。待恢复生产后，将剩余叶丝按原标准生产，与剔除湿团的叶丝混合，并进行隔离。

⑨加香出口含水率指标超出实际控制值允差上下限，超出时间≥15 min，应及时向当班工艺人员反馈，由车间工艺人员反馈至工艺质量主管部门进行评审处置，再按照生产过程不合格品控制的B类不合格控制要求，贮存平衡后，密切关注出柜含水率的情况。

（5）环境状态确认。

①操作人员应检查涉及环境温度、湿度控制要求的区域，并确保上述区域朝外开放的门窗处于关闭状态。

②操作人员应对本人所负责区域的除尘吸风口的工作状态进行检查，确认风门正常开启，吸风口没有灰尘聚积。

6.3.3　生产后的收尾工作

操作人员在生产后的收尾工作主要从人员、机器、原料、方法、环境等各方面对生产状态进行确认，确保生产要素满足制丝工艺要求。

（1）操作人员状态确认。

①操作人员应与接班岗位人员当面确认交班信息，包括但不限于产品质量信息、设备状态信息等内容。

②贮丝柜现场操作人员应与叶丝接收岗位人员确认叶丝交接信息。

（2）设备状态确认。

①按照现场管理要求对设备进行清洁、保养，作业结束后应将现场工具、物品恢复原位，并摆放整齐。

②当班生产结束后，关闭水、气阀门和电控柜的电源。

③确认现场物品应符合"三定三要素"，地面、水池应干净、整洁，各种管理标示、标牌醒目、无缺损，盛放物没有超过定量。

④生产批结束后，操作人员应进行跟批清扫，确保工艺通道残存物料清理干净；掺配加香工序的操作人员应清理混丝工序的振筛，中班生产结束时，贮丝房工序应清理叶丝风送工序的振筛。

⑤生产批结束后，换牌生产前，操作人员应清扫加香筒内的积灰，检查加香喷嘴附近是否有料液残留。如果发现异常情况，应通知班级管理人员，协调修理人员进行排查和整改。

（3）物料状态确认。

①操作人员应对现场物料的数量、质量信息进行核对，并确保标识信息的准确。

②贮丝柜岗位和叶丝回收岗位的操作人员应确认现场排除物的数量、状态信息，并如实进行记录。

（4）标准状态确认。

①操作人员应跟踪本工序质量完成情况，对于 MES 系统批次质量判定为三等品、四等品的生产批次，应第一时间向当班工艺人员反馈。

②如果涉及本岗位工艺要求变更的情况，操作人员应在交班时将相关信息准

确传递给下一班次人员。

（5）环境状态确认。

操作人员应对本人所负责区域的烟虫监控记录进行检查，更新 MES 系统的烟虫监控记录，对超出监测要求的控制点位，应及时向当班工艺人员通报。

6.4 叶丝回收工序的生产流程与设备

6.4.1 工艺流程

叶丝回收工序的主要工艺流程：废烟支收集→整理→预处理→回收叶丝→回收叶丝掺配。其中，在回收叶丝环节，目前卷烟企业常见的工艺流程有两种，一种是采用气吹式原理回收废烟支叶丝；另一种是利用机械打击力，将叶丝与包装材料进行分离。

6.4.2 主机设备

叶丝回收工序的主机设备有两种，一种是 FY117 型废烟支处理设备，该设备只能处理中支烟；另一种是 CRM500S 型废烟支处理设备，该设备能处理任何规格的废烟支。

FY117 型废烟支处理设备主要由废烟支风选装置、废烟支收集装置、废烟支排序装置、叶丝回收装置和辅助功能装置等 5 个部分组成，通过对烟支的分选、收集和排序，采用压缩空气轻吹设备将叶丝与烟筒纸进行分离，实现废支叶丝的回收与利用。

CRM500S 型废烟支处理设备主要由烟箱翻转喂料提升装置、定量喂料装置、蒸汽喷加装置、风选分离装置、振筛装置、除尘装置和辅助功能装置等 7 个部分组成，通过对烟支的定量喂料，喷加蒸汽回潮，通过风吸与振动将叶丝与烟筒纸进行分离，实现废支叶丝的回收与利用。

6.5 FY117 型废烟支处理设备的叶丝回收工序

6.5.1 生产前的准备工作

生产前的准备工作主要是做好设备运行状态的监控，以下重点从操作人员的准备工作进行说明。检验人员在生产前的准备工作主要是核对现场物料标识内容，包括接收的残烟及通后的残丝，要求标明卷烟牌号、生产日期等质量信息；工艺人员在生产前的准备工作是先核对现场物料标识内容，并确认当班生产区域的烟虫监控记录，将超出监测要求的控制点位及时向车间工艺人员通报。生产前的准备工作主要是从人员、机器、原料、方法、环境等各方面对生产状态进行确认，确保生产要素满足工艺要求。

（1）操作人员状态确认。

①操作人员必须经过岗前培训，且考核合格后才可上岗操作。

②操作人员应了解上一班的交班信息，查看上一班生产及设备的运行情况，有无未处理完成或未处理的设备故障，若出现未处理完成或未处理的设备故障，应通知维修人员进行处理。

（2）设备状态确认。

① FY117 型废烟支处理设备只能处理中支烟，该设备在生产过程中剔除的非标准中支规格烟支，可与自有牌号最低规格的残烟放在一起，在 CRM500S 型废烟支处理设备进行加工。

②按生产工艺路线检查各工艺通道是否残留杂物，若残留杂物，应立即处理并上报跟班工艺人员。

③检查设备的保养情况，特别是主机设备的保养情况，对不合格处应进行记录，并上报值班班长进行整改，整改合格后才可进行后续工作。

④查看电控柜、设备及本地控制开关上有无维修警示，是否有人正在进行维修和保养工作，若有人正在进行维修和保养，须查明原因，待维修和保养完成后才可进行后续工作。

⑤打开压缩空气总闸，检查气源压力是否满足设备运行要求，检查管路上各

阀门（手动阀）的开关情况，有无损坏，有无跑、冒、滴、漏等现象，检查管路上各仪表、减压阀值是否已调到规定数值。

⑥将电控柜通电，开启现场操作站电脑，输入登录密码，进入流程图画面。若操作画面上出现报警信息，应根据报警信息逐一排查，直至操作画面正常。

⑦检查并确定各类物料收集箱摆放到位。

（3）物料状态确认。

①操作人员在接收残烟时应检查残烟的质量状态，不得有胶粒、塑料、薄膜、浆块、金属、拉线、橡胶等其他一类杂物混在其中；残烟不得有油污、霉变及其他污染；将各牌号残烟分开对应回收，保持跑条烟、残烟支挺直，不得挤压。

②残烟应标识清楚，并标明卷烟牌号、生产日期等。

③卷机台、包机台的烟沙不能与残烟混放。

（4）标准状态确认。

操作人员应确认现场执行工艺标准是否有修改，如有修改，应与当班工艺人员确认，并与上下游工序的操作人员进行沟通。

（5）环境状态确认。

①确认动力能源条件，压缩空气的压力范围为 $0.4 \sim 0.6\,MPa$。

②操作人员应确保所负责的区域门窗处于关闭状态。

③操作人员应对所负责区域的烟虫监控记录进行检查，并将超出监测要求的控制点位及时向当班工艺人员通报。

6.5.2 生产中的管控工作

生产过程中的管控工作主要是保障设备的正常运行和质量符合相关要求，从人员、机器、原料、方法、环境等各方面确保生产过程处于受控状态，确保生产要素满足工艺要求。

（1）操作人员状态确认。

①在生产过程中须停机保养或维修时，必须与上下游工序的操作人员确认相关信息，并断开本地开关，悬挂警示标牌，待工作完成后再合上本地开关，并取下警示牌。

②操作人员在生产过程中，在烟支收集装置与前爬升装置交接口、烟支排序装置烟库、烟支排序装置下烟口、烟支调头转弯部位、烟支调头与后爬升交接处、烟支回收装置大烟库、烟支回收装置小烟库、烟支回收装置下烟口等工位进行人工引导烟支流向，确保烟支输送通道上的烟支可以正常填充。

③检查、监控叶丝分离后烟筒纸的叶丝残留情况，若叶丝残留超标，不满足相关工艺要求，应及时上报跟班工艺人员，同时通知维修人员进行报修。

（2）设备状态确认。

①确认电源和气源正确接入，打开总开关按钮。总开关按钮有两个，一个位于排序装置的左后门，另一个位于叶丝回收装置的右侧门，启动按钮后，设备上电。

②在操作面板上启动设备，共有两块操作面板，一块位于排序装置正面右上方的操作面板（AN01），主要控制烟支风选装置、烟支收集装置和烟支排序装置，包括开关、排空、复位、点动等按钮；另一块位于叶丝回收装置左下方的操作面板（AN02），主要控制叶丝回收装置和辅助功能装置，包括开关、排空、复位、点动等按钮。

③按顺序启动烟支供料和烟支排序等设备。依次打开开关旋钮、复位按钮、SJ 启动按钮、DT 启动按钮。设备在自动运行前用点动控制，使待处理烟支填满烟库和烟道。

④按顺序启动叶丝回收设备。依次打开开关旋钮、复位按钮、WL 启动按钮、WR 启动按钮。设备在自动运行前用点动控制，使待处理烟支填满烟库和烟道。

⑤叶丝回收输送通道卡烟处理。烟支相互缠绕或从烟库输出的烟支出现横置，导致卡烟。处理方法是进入屏幕 P02 主界面，按下电机按钮开关，进入开关设置画面，然后按下电机压板开关按钮，按钮变为"ON"时提升压烟板，用镊子清除卡烟，再按下压板开关，按钮变为"OFF"时提升压烟板复位。

（3）物料状态确认。

①将待处理的废烟支倒入喂料仓，每次倒入的废烟支重量不超过 25 kg。

②在废烟支的处理过程中，若在设备的特定区域出现卡烟，需要现场操作人员对卡烟进行处理，疏通卡烟的部位。

③烟支分选部位卡烟处理。长直振槽与分选装置出口出现卡烟，要求操作人

员至少每30 min巡视一次，并及时疏通卡烟的部位。

④烟支收集通道部位卡烟处理。烟支收集通道出现烂烟支、横烟支、断裂烟支等导致通道卡烟，要求操作人员及时检查，并处理卡烟故障。

⑤烟支前爬升通道卡烟处理。前爬升通道出现横烟，导致卡烟，要求操作人员及时检查，并处理卡烟故障。

⑥烟支排序装置下烟口卡烟处理。各种不规则的烟支都有可能导致下烟口卡烟。下烟口卡烟需要先停机，然后利用镊子对下烟口的卡烟进行处理，同时将下烟槽排满烟支。当在下烟口的底部卡烟时，需要手动盘车或点动提升下烟机到最高位置，再用镊子清理卡烟。烟支排序下烟口部位需要操作人员及时检查，并处理卡烟故障。

⑦烟支调头转弯部位卡烟处理。由于烟支排序不到位或乱烟压入转接皮带中，导致烟支调头转弯部位卡烟。烟支调头转弯部位卡烟有两种情况，一是由于卡烟造成烟支堆积，在操作屏幕出现报警信息，应先将收集装置停机，然后手动配合通道网链，再用镊子清理卡烟；二是有横烟流出，在调头转弯下烟口造成乱烟，需要操作人员及时检查，并处理横烟和乱烟的故障。

⑧叶丝回收装置下烟口卡烟处理。由于横烟支、纸片或不规则烟支使下烟口卡烟，需要手动停止叶丝回收装置，打开下烟口的玻璃门，用镊子清理卡烟。操作人员应及时检查叶丝回收装置下烟口，并处理横烟和乱烟的故障。

（4）标准状态确认。

①按照先到先用、从高规格到低规格的原则，从残烟收集区中取用存量＞100 kg的相应牌号残烟进行通烟。

②在通烟过程中，严禁擅自将不同牌号的残烟进行混合通烟，即在完成一个牌号的残烟通烟，并对通烟设备上残留的物料进行清理后，再对另一个牌号的残烟进行通烟。如遇特殊情况，需要混牌通烟时，应按工艺人员的通知要求执行。

（5）环境状态确认。

①开机前关闭所有设备的防护罩，以减少粉尘和噪音的污染。

②生产运行中产生的烟末、废纸等废弃物，应按规定的地点存放，并移交至接收部门。

6.5.3　生产后的收尾工作

生产后的收尾工作主要是做好设备清洁、保养及物料交接，从人员、机器、原料、方法、环境等各方面对生产状态进行确认，确保生产要素满足工艺要求。

（1）操作人员状态确认。

①残烟移交单为卷包车间与制丝车间进行残烟移交的凭证，通烟人员收集残烟移交单后应妥善保管，每周移交到统计员处。

②残烟移交单一式两份，通烟人员和贮梗丝房操作人员各保留一份。

③每天生产结束后，应按要求如实填写制丝车间残烟处理工序生产过程记录表。

（2）设备状态确认。

①烟支通道不清空关机操作。按下烟支收集装置控制操作面板和叶丝回收装置操作面板的停止按钮，为保险起见，再按下以上两处操作面板的急停按钮，完成停机操作。

②烟支通道清空关机操作。烟支通道所有烟支排空后，先按下烟支收集装置控制操作面板和叶丝回收装置操作面板的停止按钮，然后关机，并切断电源、气源，完成关机操作。

③生产结束后应对设备各部位进行清洁和保养。先停机，再断电，并悬挂安全警示牌，利用压缩空气管轻吹设备表面及烟支通道内部的积烟、积灰等。

（3）物料状态确认。

①使用无破损、无异味的塑料袋接装通烟后的叶丝，每袋残丝的重量不应＞30 kg。用麻绳扎紧袋口后放置在通后叶丝暂存区内暂存。

②每完成一个牌号的残烟通烟后，通知质检人员对残丝（通后的叶丝）进行取样，并对水分进行检测（残丝含水率为 10.5%～13.0%）。经检测，如残丝水分合格，可办理后续的移交事宜，如残丝水分不合格，则应及时将情况反馈至班级管理人员，由班级管理人员负责后续的处理事宜。

③每天产生的残丝原则上应在当天移交，由通烟人员将残丝移送至梗丝房，与贮梗丝柜现场操作人员办理交接手续。如遇特殊情况，当天未能移交的，应向当班的班级管理人员报备。

（4）标准状态确认。

①每袋残丝应有标识、标签，标识包括牌名、重量、水分、通烟日期和通烟人姓名。牌名应写全名，不能出现错写、简写等情况。

②如果有本岗位工艺要求变更的情况，操作人员应在交班时将相关信息准确传达给下一班次的人员。

（5）环境状态确认。

操作人员应对本人所负责区域的烟虫监控记录进行检查，并及时将超出监测要求的控制点位向当班工艺人员通报。

6.6　CRM500S 型废烟支处理设备的叶丝回收工序

CRM500S 型废烟支处理设备的叶丝回收工序的监控内容，与 FY117 型废烟支处理设备的叶丝回收工序相比，区别在于设备型号及设备运行状态的监控。

6.6.1　生产前的准备工作

操作人员在生产前，应重点做好以下设备运行状态的监控：

①检查动力能源条件，压缩空气压力范围为 0.4 ～ 0.6 MPa，蒸汽压力为 0.2 ～ 0.6 MPa。

②按生产工艺路线检查各工艺通道是否残留杂物，若残留杂物，应立即处理并上报跟班工艺人员。

③检查设备的保养情况，特别是主机设备的保养情况，对不合格处应进行记录，并上报值班班长进行整改，整改合格后才可进行后续工作。

④查看电控柜、设备及本地控制开关有无维修警示，是否有人正在进行维修和保养工作，若有人正在进行维修和保养工作，须查明原因，待维修和保养完成后才可进行后续工作。

⑤打开压缩空气总闸，检查气源压力是否满足设备运行要求，检查管路上各阀门（手动阀）的开关情况，有无损坏，有无跑、冒、滴、漏等现象，检查管路

上各仪表、减压阀值是否已调到规定数值。

⑥打开蒸汽总闸，检查气源压力是否满足设备运行要求，检查管路上各阀门（手动阀）的开关情况，有无损坏，有无跑、冒、滴、漏等现象，检查管路上各仪表、减压阀值是否已调到规定数值。

⑦将电控柜通电，开启现场操作站电脑，进入流程图画面。若操作画面出现报警信息，应根据报警信息逐一排查，直至操作画面正常。

⑧检查各设备的安全防护装置，确保设备具备启动条件，检查并确认各类物料收集箱摆放到位。

6.6.2　生产中的管控工作

操作人员在生产过程中，需要对以下设备状态进行管控：

①打开主蒸汽旁通疏水阀，排放主管冷凝水，手动疏水阀位于蒸汽站旁，缓慢开启截止阀，手动排水 1 min 左右。

②打开电柜上电开关，启动供电设备系统。

③查看设备操作监控画面，核对工艺参数设置，包括蒸汽压力设置、提升机频率控制等，确认系统无故障报警，若系统出现报警提示，应对报警点位逐一排查，若无法自行排查，应及时报修。

④联系中控室启动除尘系统。

⑤在操作界面将设备系统设置为自动模式，点击"启动"，所有设备启动运行，检查并确保设备正常运行。

⑥设备额定流量为 500 kg/h，工艺流量要求为 400 kg/h，定量带频率设定在 38 Hz 左右。

⑦使用蒸汽压力 2 kPa。

⑧一级风机频率和二级风机频率均为 41 Hz，在流量为 400 kg/h、频率 < 40 Hz 时存在堵料风险，最高频率应为 50 Hz。

⑨当单牌号废支存积重量 ≥ 100 kg 时，采用分牌号过料，保证过料时间为 30 min，尽量保证蒸汽喷射的稳定性和均匀性，从而保证残丝水分的稳定性和均匀性；当单牌号废支存积重量 < 100 kg，且可预计存放时间 ≥ 3 天时，按照技术

中心发布的生产过程产生的残丝及生产结余叶丝的掺配要求、工艺通知要求，以及高价位牌号降级为低价位牌号进行混合通烟。

⑩将待处理的废烟支倒入倒料小车后推入翻箱机，倒料小车推入到位，操作人员应退出翻箱通道至安全区域。

⑪点击"RESET"复位翻箱机的安全检测光栅警报，点击"↑"，翻箱机启动倒料，倒料完成后点击"↓"，翻箱机下放倒料小车。若倒料小车内有残留物料，可重复翻箱倒料的操作。倒料小车完成倒料后应拉出小车，再进行下一车的倒料操作，如此循环，直至生产结束。

⑫联系中控室启动除尘系统。

⑬监控喂料仓物料情况，及时补充喂料仓的烟支，保证生产不断料。

⑭检查监控烟支蒸汽喷加情况，蒸汽喷加过少或过多（产生水渍烟）均不满足相关工艺要求，应及时上报跟班工艺人员进行报修。

⑮检查监控叶丝分离后烟筒纸的叶丝残留情况，若叶丝残留超标，不满足相关工艺要求，应及时上报跟班工艺人员进行报修。

6.6.3　生产后的收尾工作

操作人员在生产后需要对以下设备的状态进行确认：

①清空提升机物料后，在操作界面点击"停止"，排空定量带的物料，所有设备在点击"停止"后约 20 min 自动停止运行。

②通知中控室的操作人员停止残烟处理的除尘系统。

③所有设备停止运行后，关闭电柜电源、压缩空气主阀和蒸汽主阀，完成关机操作。

④生产结束后须对设备各部位进行清洁和保养。先停机，再断电，并悬挂安全警示牌，利用压缩空气管轻吹设备表面及烟支通道内部的积烟、积灰等。

参考文献：

［1］国家烟草专卖局 . 卷烟工艺规范［M］. 北京：中国轻工业出版社，2016.

［2］《烟叶制丝工专业知识》编写组 . 烟叶制丝工专业知识［M］. 郑州：河南科学技术出版社，2012.

［3］《卷烟工艺》（第二版）编写组 . 卷烟工艺［M］. 北京：北京出版社，2000.

［4］《卷烟制丝设备》编写组 . 卷烟制丝设备［M］. 郑州：河南科学技术出版社，2014.

［5］于建军 . 卷烟工艺学［M］. 北京：中国农业出版社，2003.